职业教育家具设计与制造专业教学资源库建设项目配套教材

家居空间
手绘效果图表达

姚爱莹 主 编
曹俊杰 郝丽宇 副主编
钱蒋锋 司 阳 参 编

中国轻工业出版社

图书在版编目（CIP）数据

家居空间手绘效果图表达 / 姚爱莹主编. —北京：中国轻工业出版社，2024.8
国家职业教育家具设计与制造专业教学资源库建设规划教材
ISBN 978-7-5184-2613-3

Ⅰ. ①家… Ⅱ. ①姚… Ⅲ. ①住宅—室内装饰设计—绘画技法—教材 Ⅳ. ①TU204.11

中国版本图书馆CIP数据核字（2019）第179231号

责任编辑：陈　萍　　责任终审：劳国强　　整体设计：锋尚设计
策划编辑：陈　萍　　责任校对：吴大朋　　责任监印：张京华

出版发行：中国轻工业出版社（北京鲁谷东街5号，邮编：100040）
印　　刷：北京博海升彩色印刷有限公司
经　　销：各地新华书店
版　　次：2024年8月第1版第5次印刷
开　　本：787×1092　1/16　印张：8.5
字　　数：220千字
书　　号：ISBN 978-7-5184-2613-3　定价：49.00元
邮购电话：010-85119873
发行电话：010-85119832　010-85119912
网　　址：http://www.chlip.com.cn
Email：club@chlip.com.cn

241416J2C105ZBW

职业教育家具设计与制造专业
教学资源库建设项目配套教材编委会

前言

“家居空间手绘效果图表达”是培养学生手绘能力的实践性课程。本教材由黑龙江林业职业技术学院与亚振家具股份有限公司、北京利丰家具制造有限公司等合作，在校企合作的基础上共同开发。对于从事家具设计、软装设计等家居设计相关的专业人员来说，手绘是一项能够将设计意图表达出来的基本技能。本教材结合专业特征，从手绘基础开始，通过线条、线稿和透视、家具产品单体以及家居空间进行讲解，对黑白线稿、马克笔上色的基础理论进行讲解，以及在家居空间中平面图、立面图、效果图和设计意图表达的过程展示出来，使学生能够手绘家居空间设计方案。教材新增融媒体教学动态资源，以满足现代职业教育教学要求，图文与视频并茂，便于学生自主学习。通过本教材的学习，使学生掌握设计表达的同时，也培养学生吃苦耐劳、勤学苦练的职业精神，知家居手绘设计之“理”，明设计表达之“道”，养设计职业之“德”，不断完善自己的专业、职业技能与职业素养，提升个人职业能力与本领。

本教材在设计上坚持系统观念，通过普遍联系、全面系统、发展变化的观点，对家居设计领域中手绘设计的应用与实践，坚持问题导向、守正创新，为学生总结易学易用的理论与实践经验，指导学生能够在家居设计领域积累技能，并培养学生的创新精神，为学生在家居设计领域全面发展夯实基础。

现代职业教育课程强调理论与实践的结合，注重培养学生的实际操作能力，而对于家居设计相关专业的学生来说，设计思维的快速表现与表达是必备的能力，需要进行手绘训练，使学生能够快速地表达自己的设计思想。本教材将复杂的透视学、美术基础知识等进行简化，能够使学生掌握手绘快速表达的技巧，方便学生独立练习。教材在编写过程中得到了许多专家的帮助和支持，在此表示衷心感谢。另外，感谢亚振家具股份有限公司、北京利丰家具制造有限公司等提供了非常专业性的意见和资料。由于编者水平有限，疏漏之处在所难免，敬请广大读者批评指正。

姚爱莹

目录

第一章 家居空间手绘表现基础……001

第一节 手绘表现常用工具……001

第二节 手绘表现线条基础……005

第三节 软装产品手绘表现……015

第二章 家居空间透视表现……039

第一节 一点透视效果图表达……039

第二节 两点透视效果图表达……051

第三节 一点斜透视效果图表达……058

第三章 家居空间色彩表现……065

第一节 着色常用工具……065

第二节 体块的色彩表现……066

第三节 材质的色彩表现……070

第四节 软装产品的色彩表现……074

第五节 家居空间手绘色彩表达……085

第四章 家居空间手绘方案设计……097
第一节 家居空间手绘方案设计规划……097
第二节 儿童房手绘方案设计……105
第三节 其他空间手绘效果表现……108
第五章 案例赏析……113

家居空间手绘表现基础

第一节　手绘表现常用工具

一、笔类

1．铅笔

铅笔是常用的绘图工具，通常有木质杆铅笔和自动铅笔两类，画出的线条自然流畅。铅笔从1H至12B，有不同的灰度之分，如图1-1所示。可以为稿件呈现不同的效果，特别是草图阶段，铅笔可以反复涂改，并能够用橡皮擦除。自动铅笔可以不断铅，方便长时间使用。

2．钢笔

在作画时，钢笔线条流畅、刚劲有力，绘制的画面黑白分明，对比感、层次感较强烈。钢笔笔尖不同，画出的效果也不同，通常采用美工钢笔绘制，可以使用一支笔绘制出明确的线条粗细、轻重等变化，如图1-2所示。钢笔具有很强的概括能力，好的钢笔手绘作品需要有线条黑白对比、粗细变化、疏密排列、空间感以及材质质感的表达。

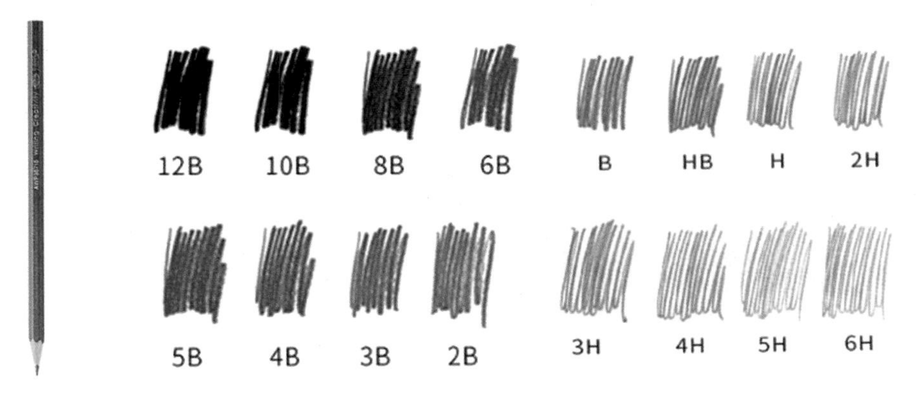

图1-1　铅笔及其不同灰度

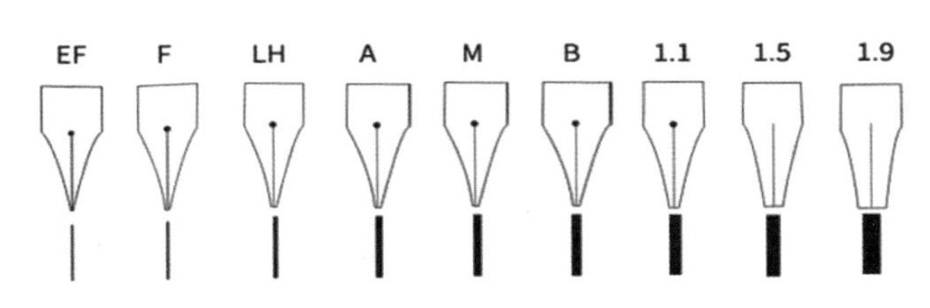

图1-2　美工钢笔及绘图钢笔的线条

3．针管笔

针管笔的笔尖与签字用的中性笔不同，中性笔笔尖为圆珠，针管笔笔尖采用的是针状笔尖。绘图时，针管笔线条均匀、流畅，不易断线。笔尖管径0.05~1.2mm，根据需要选择不同粗细的笔，可以让画面更加有层次。在家居手绘中，可以使用针管笔绘制平面图、立面图、产品效果图等，用途广泛，如图1-3所示。

4．中性笔

中性笔是中性墨水圆珠笔的简称，具有自来水笔和油性圆珠笔的优点，书写时手感舒适，油墨的黏度介于水性和油性之间，黏度适度，润滑性好，比普通油性圆珠笔更加顺滑。中性笔的笔尖分为子弹头型、针管型和半针型，如图1-4所示。

5．马克笔

马克笔，又称记号笔，是家居空间手绘常用笔，一般分为描边和丰富彩色马克笔。草图中采用的马克笔多为红、蓝、黑三色。彩色马克笔根据溶剂分为油性马克笔、水性马克笔和酒精马克笔。家居空间手绘采用的马克笔多为酒精马克笔，具有快干、流畅、色彩均匀的特征。马克笔是表达室内空间色彩的重要工具，笔墨重色、流畅，是表现草图、定稿的主要工具，如图1-5所示。

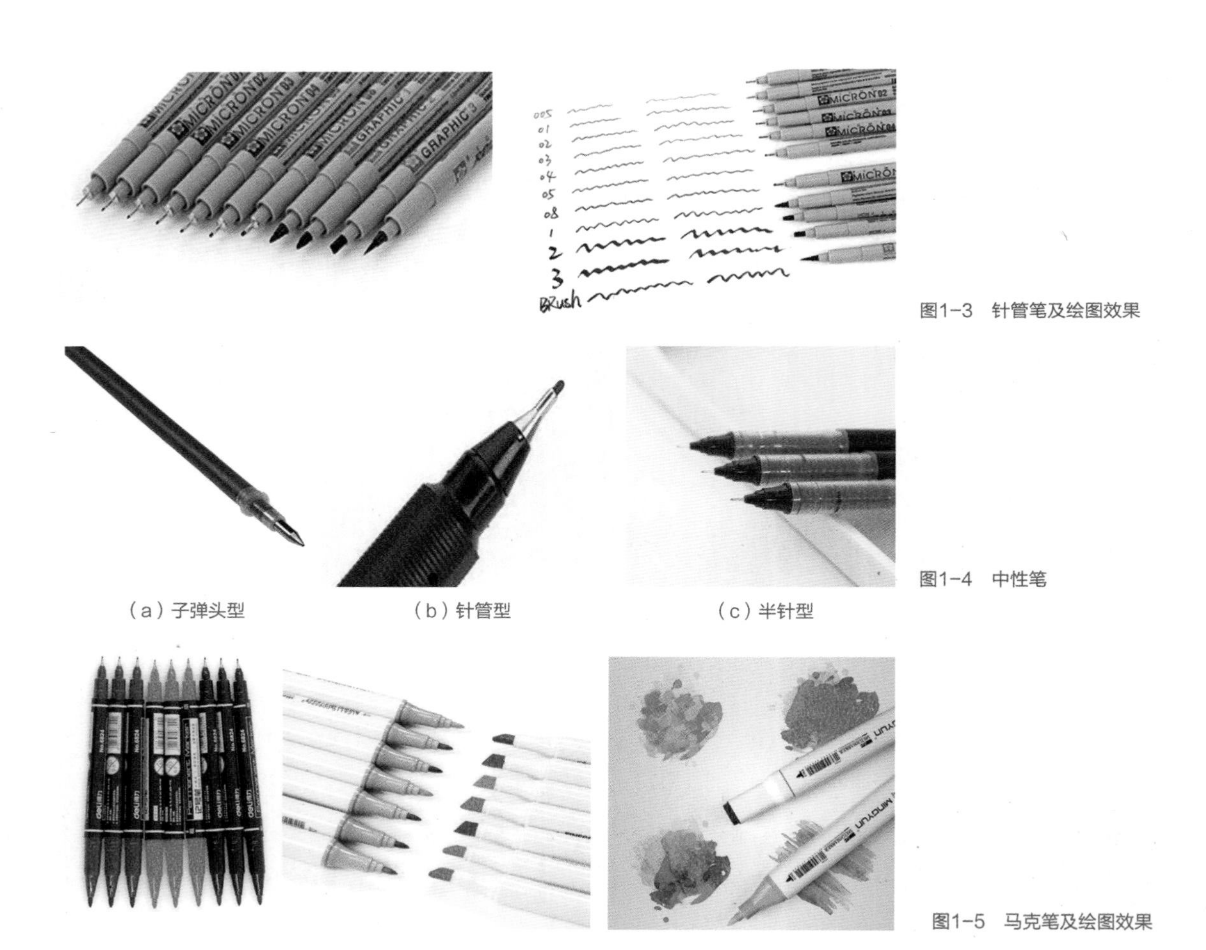

图1-3　针管笔及绘图效果

（a）子弹头型　（b）针管型　（c）半针型

图1-4　中性笔

图1-5　马克笔及绘图效果

二、纸类

1. 复印纸

复印纸也称为打印机专用纸，是用于复印、打印的纸张。用于手绘的常见尺寸有A4（210mm×297mm）、A3（297mm×420mm）大小的普通复印纸，如图1-6所示。这种纸的质地适合铅笔等大多数画具，价格又比较便宜，最合适在练习阶段使用。需要注意的是复印纸在进行上色的过程中色彩易堆积、晕染，因此需要表达家居空间的色彩效果时，上色过程要快速，注意保持纸面色彩的清晰。

2. 拷贝纸

拷贝纸（图1-7）纸张轻薄，便于反复修改和调整画作，各种笔都能清晰地在纸面表达。对于初学绘画者可以方便拓印，对于设计者可以便于快速表达设计方案，并且在纸上进行反复修稿，方便设计稿件的记录与保存，但是拷贝纸纸张过于轻薄，容易在涂改后破、皱，因此不利于正式的设计方案使用。

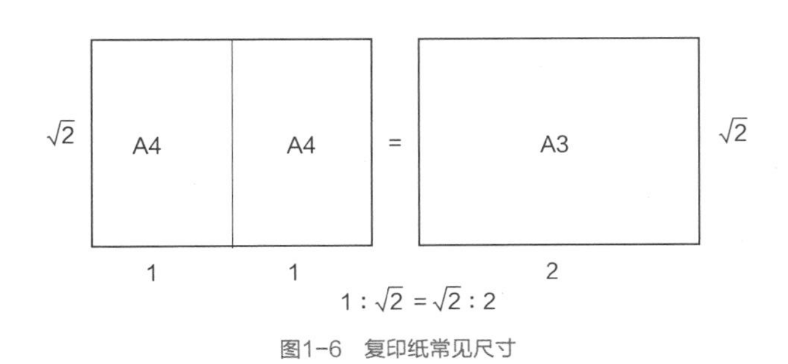

图1-6　复印纸常见尺寸

3. 硫酸纸

硫酸纸，呈半透明状，透气性差，与拷贝纸相比，硫酸纸的表面光滑、平整，纸质较厚，不易破损，手绘的表现效果也比较正规。同时，硫酸纸可以多张叠加，不影响设计效果，但是由于表面过于光滑，使用铅笔的色彩效果并不明显，因此多采用中性笔、针管笔等进行绘图，如图1-8所示。

4. 绘图纸

绘图纸是专门用于绘制工程图、机械图、地形图等工程用图纸，表面比较光滑、平整，质地较厚。绘图纸的质地紧密而强韧，具有半透性，表面无光泽，尘埃度较小。绘图纸的耐擦性、耐磨性、耐折性都比较好。绘制黑白画、彩色铅笔以及马克笔等形式能较好表现，如图1-9所示。

5. 水彩纸

一些手绘效果图中也可以用水彩来表现，需要用到水彩绘图的专用纸。水彩纸具有良好的吸水性，适合水彩表现，同时也适合黑白渲染、透明水色表现以及马克笔表现。水彩纸纸面粗糙，色彩层次感较强，但要注意区分“水粉纸”。家居效果

图1-7　拷贝纸

图1-8　硫酸纸

图1-9　绘图纸

图如选用彩铅上色，也可以选用水彩纸，如图1-10所示。

图1-10　水彩纸

三、尺类

绘制手绘家居效果图的过程中，为了使空间整洁、线条连续，还会用到尺类进行辅助设计，常用的尺类主要有直尺、平行尺、曲线板、比例尺等。

1. 直尺

直尺，最常用的尺类，带有刻度。可以用来绘制直线，也可以用于测量长度，如图1-11所示。在手绘图绘制的过程中，三角板也可以作为直尺使用。采用中性笔、针管笔绘制线条时，要注意保持尺子的清洁，特别是塑料制的格尺，容易弄脏画面。

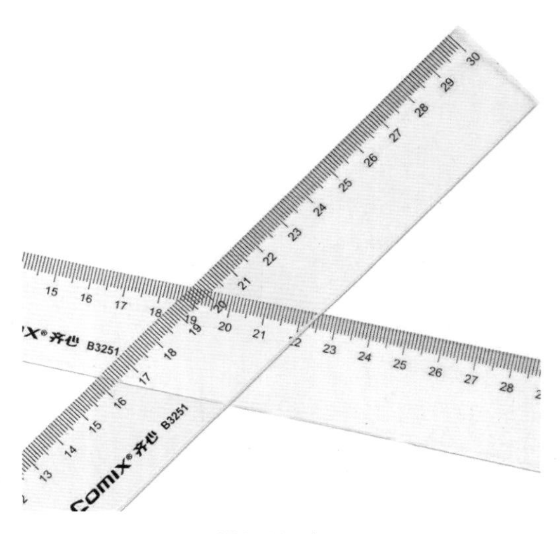

图1-11　直尺

2. 平行尺

平行尺主要用来画连续平行的线条，因为平行尺的底部有滚轮，绘制平行线条时，直接推动尺子即可，比直尺方便。平行尺带有刻度，也可以当直尺使用。使用过程中要注意推动平行尺的时候用力均匀，同时保持纸面干净整洁，如图1-12所示。

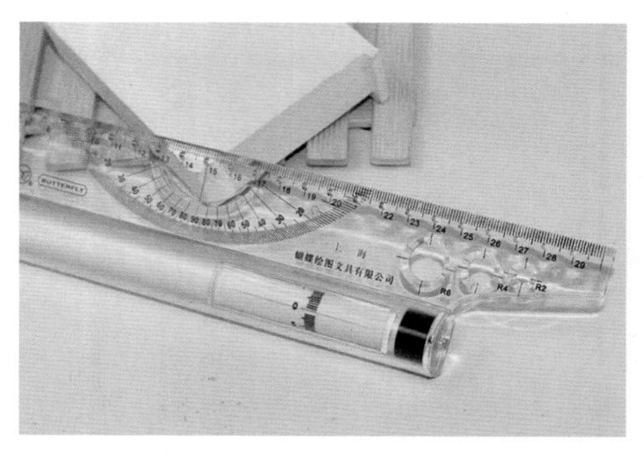

图1-12　平行尺

3. 曲线板

绘制直线时可以采用直尺、平行尺，而绘制曲线时，可以选择曲线板，如图1-13所示。曲线板又称为云形尺，尺子内外均为曲线边缘（常呈旋涡形）的薄板，可以绘制自由的曲线。在绘制自由曲线的时候也可以选择蛇形尺或者软尺。此外，也可采用圆弧尺，绘制半径不同的圆和弧线。

4. 比例尺

比例尺是带有比例的尺子，如图1-14所示，是表示图上一条线段的长度与地面相应线段的实际长度之比。比例尺上的比例表示图上距离与实际距离的比，例如1：500，即表示图上1个刻度代表500mm。比例尺主要用于绘制平面图、立面图以及家具三视图等。

图1-13　曲线板

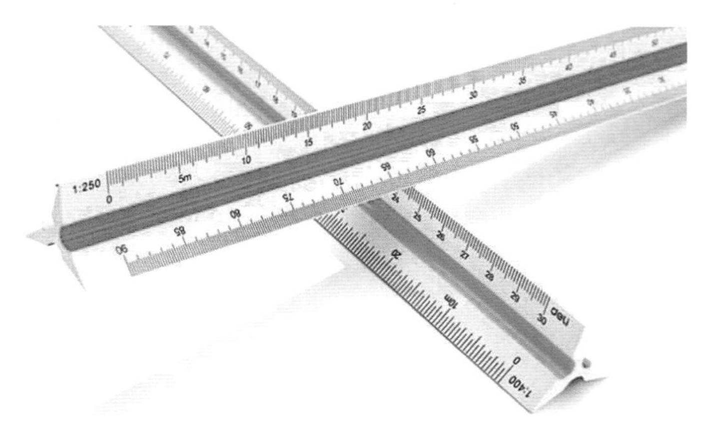

图1-14　比例尺

第二节　手绘表现线条基础

一、线条的练习

线条是手绘效果图的基础，线条的练习是手绘的基础性练习。不同图纸中对线条的要求不同。在草图设计的过程中，线条只要能够表达出设计意图就可以，而在设计的概念图纸、效果图、平面图和立面图中则要求线条干净、整洁、准确、工整。而为了使手绘图效果清晰明确、干净美观，线条绘制是初学者必须掌握的技能。图1-15中线条过于零乱、细碎，图1-16中线条则干净、整洁。

手绘图特别是黑白线稿依靠线条的长短、粗细、疏密、曲直等来表现，效果图中通过线稿表现基本框架，用色彩表现效果，无论采用哪种形式的图纸，都是以线条构成基础。线条可以分为徒手画线和借助于工具画线，徒手画线自由流畅，方便快捷，但是需要很强的功底才能完成精美的效果。借助于绘图工具绘制，线条整齐规范，画面整齐，但是因为使用工具画面过于呆板，不够灵活。需要根据画面的效果选择徒手画线或者借助工具画线。

手绘的线条可以分为直线和自由曲线两大类，根据画面的需求进行绘制。直线应快速、均匀、硬朗，通常用来表达坚硬的材质、轮廓线、墙线等，曲线要圆润、流畅，用来表达圆形家居形体、布艺、绿植等其他饰品。具体来看，线条练习需要掌握以下技巧。

1. 直线练习

直线是手绘线条中最为基础的线条，手绘图中直线构成大多数的形体，是手绘线条中最基础的练习，掌握好直线的画法可以确保画面清晰整洁，同时也能够提高手绘的速度。

直线有快慢、长短、横竖之分，根据绘制的方式又分为徒手画线和尺画线，绘制的过程中，需要掌握好画线的技巧。无论是徒手画线还是尺画线，都需要保证干脆利索又富有力度，线条要流畅自然。练习的过程中由短至长，先练习短线再练习长线，先练习直线再练习曲线，循序渐进。直线画的过程中要连贯，不要犹豫、停顿，防止最终家居空间画面效果生涩。线条练习如图1-17所示，具体练习如下：

图1-15　线条过于零乱

图1-16　线条干净整洁

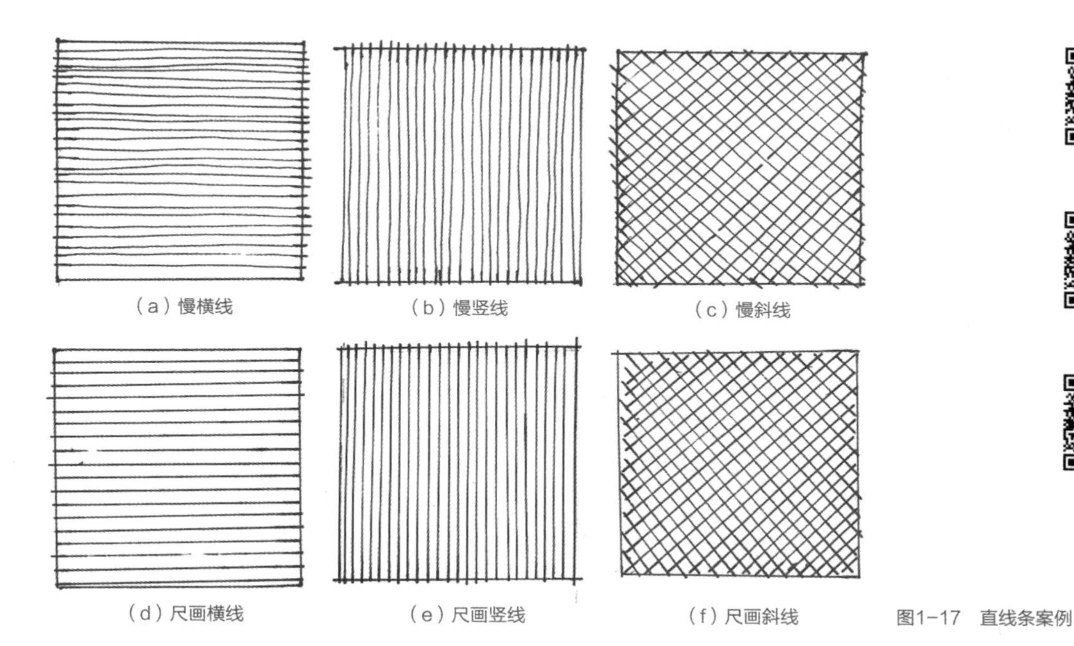

（a）慢横线 （b）慢竖线 （c）慢斜线

（d）尺画横线 （e）尺画竖线 （f）尺画斜线

图1-17 直线条案例

慢横线

慢竖线

慢斜线

①慢横线：画的时候类似书法隶书的“一”字，起止的位置有起笔和收笔的形式，横向拉长。在终止位置收笔能够使线条有意识收笔，能够画出固定长度的线条，也有利于线条画直。

②慢竖线：画法与慢横线一致，采用起笔和收笔画竖线的形式，画的过程中保证直线自然竖向拉直，至尾收笔。绘制的过程中尽量保持线条间的距离一致。

③慢斜线：画法与慢横线一致，绘制的过程中倾斜绘制，注意不要来回反复画一条直线，避免线条犹豫不决。如果绘制的过程中出现了断开，不需要从头画起，中间断开一点距离继续画即可。

④尺画横线：利用直尺绘制的横线，画法与慢横线一样，绘制的过程中注意起笔和收笔之势，速度要快，绘制的直线就会有干净清爽的效果，尺画线通常用来表现距离较长的直线。

⑤尺画竖线：利用直尺绘制的竖线，画法与尺画横线一样，注意起笔与收笔，速度要快。线条硬挺、明了。

⑥尺画斜线：利用直尺绘制的斜线，画法与尺画横线一样，绘制的过程中倾斜程度和距离要一致。

开始练习慢画线的时候不需要强调绘制的速度，线条以画直、均匀为主，当直线效果画好之后，开始逐渐提高画线的速度，增加线条的长度，绘制长横线、竖线和斜线。

绘制直线以“稳、准、狠”为主。稳，下笔要稳，不要忽直忽弯，确保直线从起笔到结束能够稳重。准，即画线的过程中长度、方向、疏密能够准确，因为画墨线的过程中不能够像铅笔可擦，画完后就不能够再更改了，所以切忌来回重复表达一条线。狠，表示画线的过程中要能够使画出的线条有力量感。

2. 自由线条练习

自由线条即手绘过程中除直线以外的线条，多以圆、弧线、折线为主，是构成家居空间中陈设物品最常用的线条形式。手绘表现中自由线条种类多、用途多，线条的画法会影响画面的效果，在绘制自由曲线的过程中，要能够使曲线具有弹性和张力。画时要一气呵成，线条流畅、肯定，不要用短线和碎线来描物体的形体。自由曲线多用于描绘植物、布艺、花艺的家居陈设品，如图1-18所示。

弧线圆滑，练习的过程中可以先从半圆画起，逐渐将弧线的弧度增大练习。

弧线一般出现在家具、棚顶以及布艺等位置。

不规则线多出现在绘制植物的时候，可以刻画植物的叶子和枝干。画时要注意能够使线条自然分折，刻画植物枝干时要注意上细下粗，上部分散，下部集中。

折线通常在绘制水波等时使用，画时要注意不要让波纹过于规律。

自由线条还可以绘制布艺、灯具、植物叶子等家居软装饰品，线条练习的过程中不需要太过拘谨，线条以自由流畅为主，能够控制好线条的起止、长短、弧度等，让线条能够按照自己的需要，进行绘制即可。可以尝试画出具体的软装产品，便于手绘线条更好地展现。

3. 线条练习范例

线条练习主要在掌握直线和自由线条的要领后多加练习。线条练习的过程中要注意干净、整洁，自然流畅。在练习的过程中运笔的速度、力度要能够用手控制，快慢得当。先从简单的线条排列开始，再进行复杂的图案排列。直线条练习如图1-19所示。

运笔过程中要保证起笔、落笔，能够使每个线条具有起、收的动作，过程中要能够使线条流畅、简洁。多练习徒手线条能够确保后续家居手绘过程中徒手绘制的线条更潇洒、随意，能更好地表达物体形体，如图1-20所示。

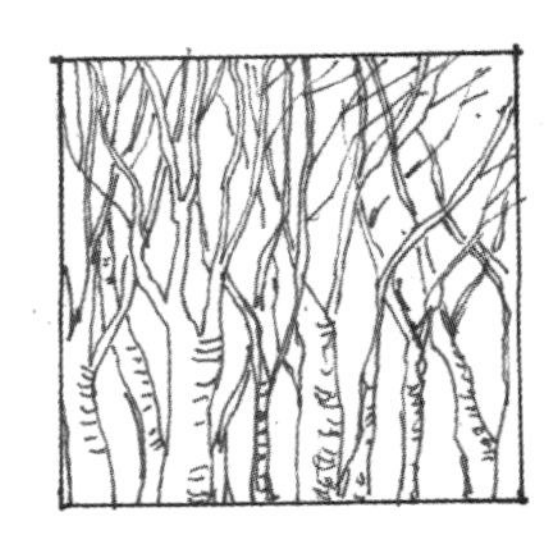
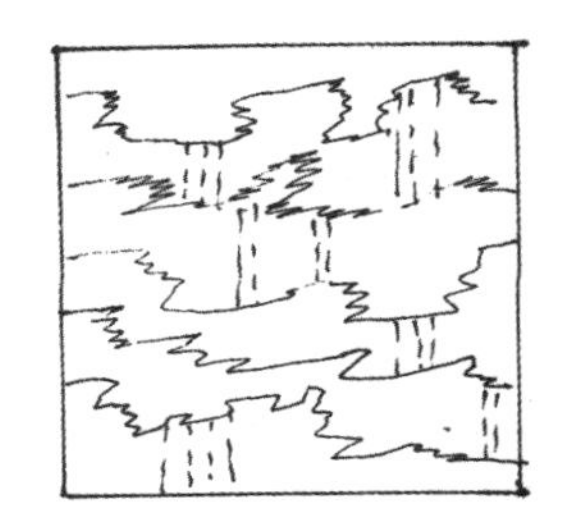
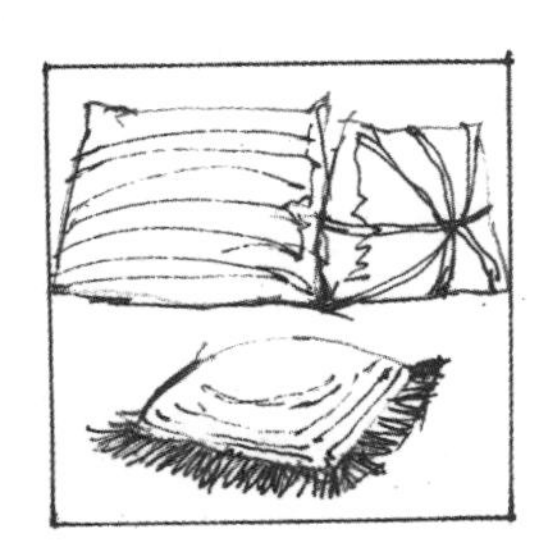
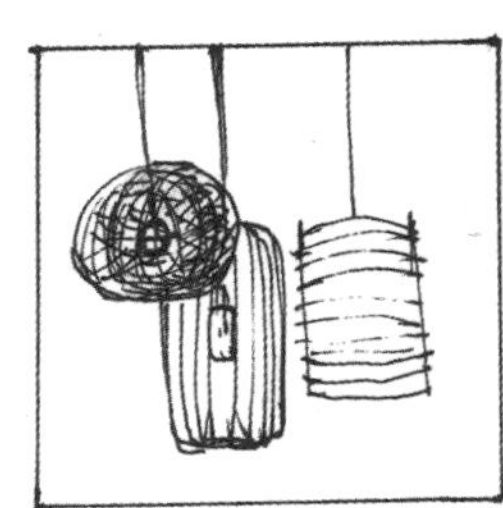

图1-18　自由线条

图1-19　直线条练习

图1-20　线条练习

练习圆弧、折线以及自由线条物体等，画的过程中不要拘谨，线条以简洁、流畅为主，先练习单一的自由线条，最后以直线条组合成一定的构图图案，如图1-21和图1-22所示。

二、线条的透视练习

线条的透视练习，主要表现的是物体呈现出来的透视效果，通过线条的疏密、虚实和远近来表现透视效果。在线条练习的过程中，通过线条的透视关系进行练习，有助于家居空间中产品空间大小、远近和虚实效果的表达，也有利于表现出家居空间的光影效果。

1. 线条的疏密表达

细密的线条具有厚实的感觉，稀疏的线条给人以单薄的感觉。在家居空间手绘中，细密的线条主要表现暗部和阴影部分，稀疏的线条主要表现光亮的部分。家居空间手绘效果图中，疏密变化的画法可以采取两种方式绘制。第一种为叠加法，绘制线条的过程中反复叠加形成疏密变化；第二种为直接变化，即绘制的过程中直接将线条表现出线条疏密的变化。两种方法中前者较为简单，后者需要反复练习，如图1-23所示。

2. 线条的虚实表达

线条的虚实表达，即在手绘过程中线条讲究虚实的变化。实线条即整根线条都能够清晰、明确地表达出来，多用于勾画家居产品和家居空间的轮廓线条。虚线条是指在画线的过程中能够让线条有所变化，在快速绘画的过程中，

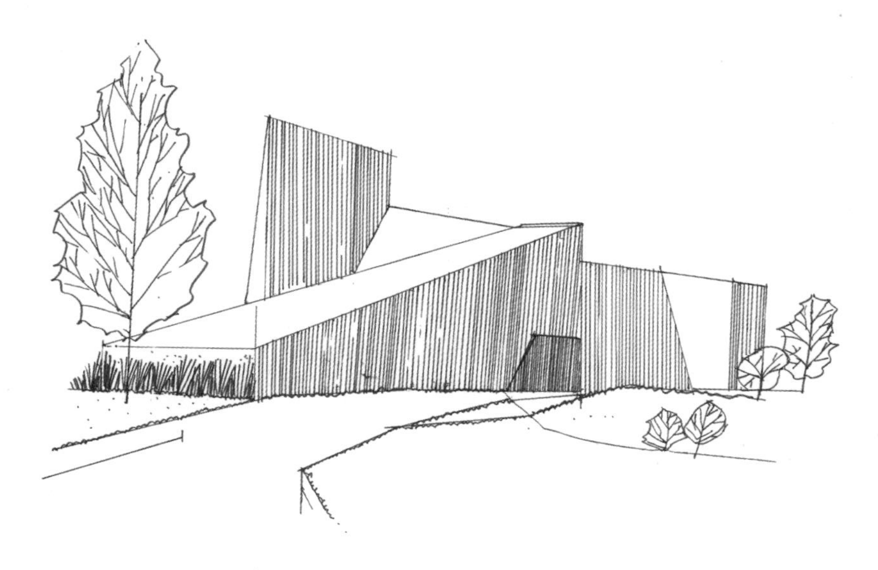

图1-21　线条组合（1）

图1-22　线条组合（2）

图1-23　线条的疏密

出现两头重、中间虚的效果，通常用于表现家居产品的肌理、装饰纹样以及阴影效果等，如图1-24所示空间线条的虚实变化。

3. 线条的远近表达

在线条的透视练习中，有近实远虚、近大远小的效果，同一线条通过长短来表现远近关系，远处的线条处理得短，近处的线条处理得长，如图1-25所示。

4. 线条的范例练习

在线条练习的过程中，能够将直线、自由曲线灵活运用，在空间线条的表现中能够表现出线条的疏密、虚实、远近感，如图1-26和图1-27所示。

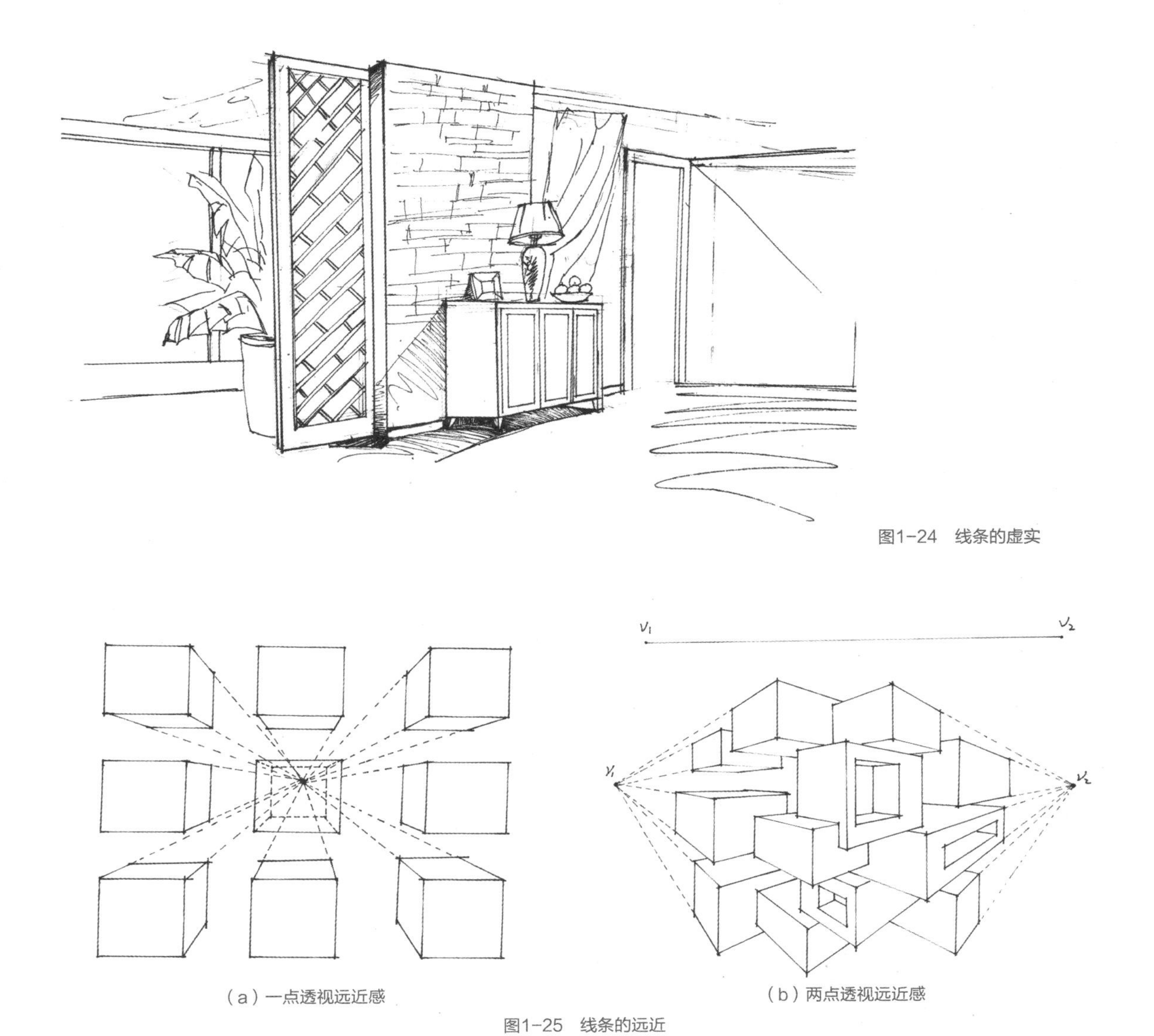

图1-24　线条的虚实

（a）一点透视远近感

（b）两点透视远近感

图1-25　线条的远近

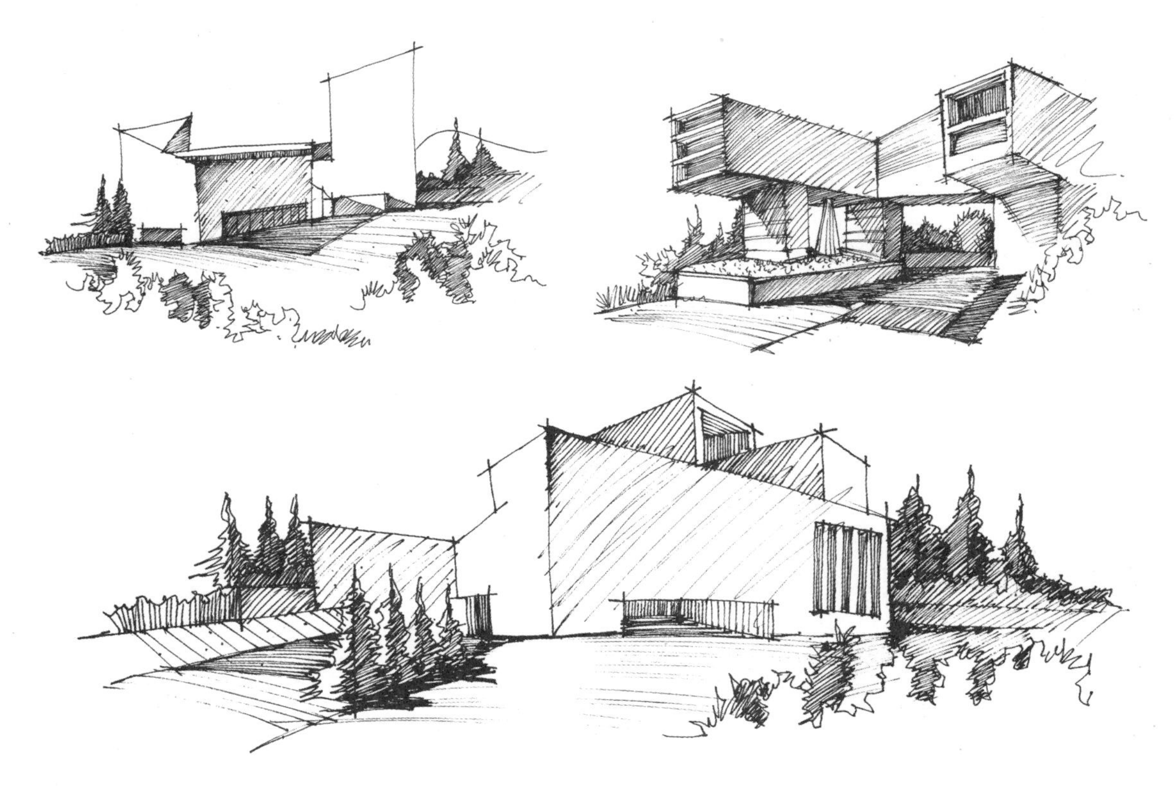

图1-26　线条的练习

图1-27　线条的空间练习

三、线条材质表现

家居空间中产品种类多，材质也各有不同，在进行家居空间设计的过程中需要能够对不同的产品进行搭配，不同材质体现的肌理和质感需要通过手绘表达出来。在家居空间中常见的材质主要有金属、玻璃、木材、藤材、布艺等，这些材质的表现，需要在熟练掌握线条后，结合家具产品材料的特征进行展示，运用不同形式、疏密和长短的线条来表达不同的材质。

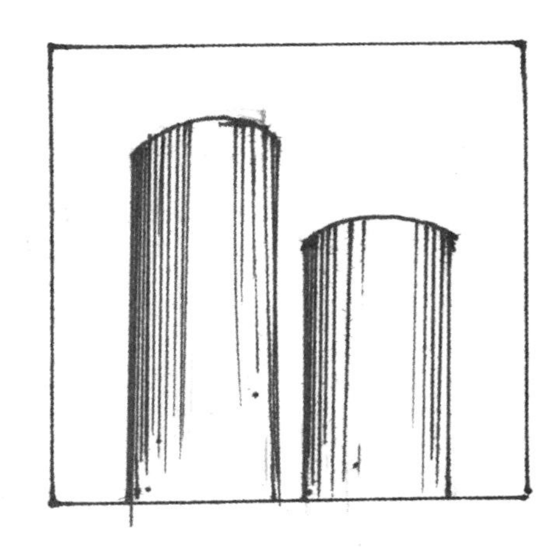

图1-28　金属材质

1. 金属与玻璃材质表达

在家居空间中，金属材料可用于家具、室内装饰以及建筑结构，常用的有不锈钢、钛金、铜板、铝板等金属装饰用材。在金属材质的表现中要注意金属有镜面金属材料和普通金属，在材质表达上，轮廓线以实线为主，线条要挺直硬朗，以表现金属光泽感，如图1–28所示。

在家居空间中，玻璃材质也以家居装饰为主，如玻璃幕墙、装饰玻璃砖、白玻璃和镜面玻璃等。玻璃材质具有透明特性，表面坚硬，在材质的表现上以直线为主，实线表现轮廓，虚线表现材质的光线感，如图1–29所示。在表现镜面材质的过程中还需要镜面上反光或者镜面反射的物品。金属材质和玻璃材质具有冷硬质感，在家居空间中多用于现代风格设计。

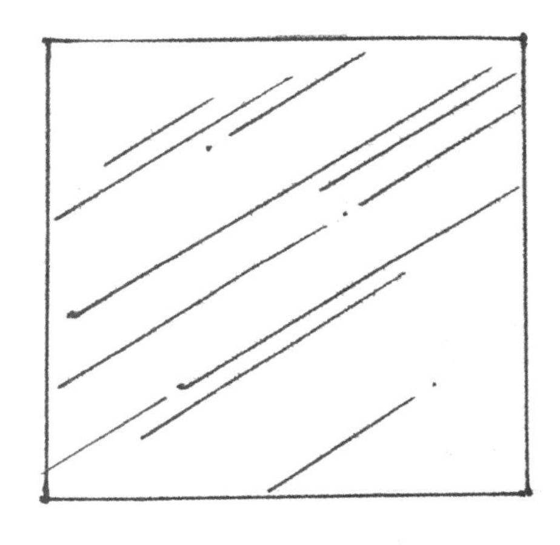

图1-29　玻璃材质

2. 木材与藤材材质表达

木质材料是家居空间中最重要的装饰材料，木材、竹材、人造板等材质均属于木质材质。其中，人造板材质表面漆饰或木质装饰，画法可以参考木质材料。木质材料可以表现家居空间中的家具以及装饰产品。

木质材质主要包括原木材质和木材质贴面装饰，表面具有天然的质感和纹理，能够给人很强的亲和力，没有石材、玻璃、金属等材质的冷硬质感。在家居空间中，木材可以用于表现板面、结构用材、门窗等，手绘材质表达主要表现木材饰面的纹理。通常木材纹理可以表现径向纹理木材为均一的平行纹理，木材的弦向纹理即常见的山纹，弦向纹理可以采用两种装饰效果；此外，木材的纹理还能展现节子等形式，如图1–30所示。家居空间中的木材纹理在展现家具大面积的木材面板时，如桌面、衣柜面板等，可以详细展示木材的纹理特征。

木质装饰家居空间中的木饰家具、窗格、木质饰面等，应该注意以下几点：

① 木质轮廓要有变化，能表现出木材在光亮面与暗面纹理效果的差别，木材纹理在明暗面纹理的疏密、轻重要有所区别。

② 注意木材纹理的详略，在表现家具的过程中可以展现木材的纹理，如木材体积较小则可以忽略纹理效果。

③ 强调木质装饰板面的木纹要自然流畅，不要刻意绘制平行山纹，显得纹理呆板。

木质材料中除了木材装饰以外，藤质材料种类也比较多。藤材材质具有透气、舒适的效果，在家居空间中无论是材质、色彩，还是藤材的触感，都与木材具有不同的效果。藤材多以编制形式为主，在家居空间中可以通过藤材编制家具、坐垫、地垫等软装产品，材质的编制质感也具有很强的装饰性。藤材进行画的过程中纹理要紧密一些，能够具有编织的感觉。常见的藤材编制纹理有以下几种，绘制的过程中可以从一些技巧来进行。藤纹理效果如图1-31所示。

① 纵横相交编制：这类藤材主要是采用横向和竖向纵横编制的，画时横向和竖向的长度和粗细尽量保持一致，为了凸显编制的厚重感，可以将线条稍微弯曲，用于表现材质的体积感。

② 斜纹编制：将编制纹理倾斜，画时按照将纵横编制纹理倾斜即可，同时也要保证相互交叠纹理间的关系，保证一上一下，突出编制质感的体积效果。

③ 单向编制：这种纹理在藤材编制的时候主要以单一方向进行编制，藤材或横向，或竖向，或斜向，纹理累积排列画，画时注意纹理的疏密关系。

3. 石材材质表达

在装饰材质中，石材是装饰地面和墙面的主要用材，在一些家具的表面也可以用石材来进行装饰。用于家居材质表现的石材主要有平滑光洁的石面和烧毛粗糙的石面，石材效果如图1-32所示。

光滑石面有些会有高光，具有一定灯光和倒影反射的效果，如光滑表面的大理石材质，通常画的构成中用细线表现石材的轮廓，再用一些不规则的纹理表现石材表面的水波纹路，再用笔随机点点表现石材表面斑点效果。

粗糙的石材在室内空间中主要出现在文化墙墙面或者一些室外的地面墙体和地面材质的表现。在家居空间中表现石材，可以制作石材墙面，可以选择大理石材，也可以选择粗糙面的烧毛石。画法要注意不同石材的表达效果。

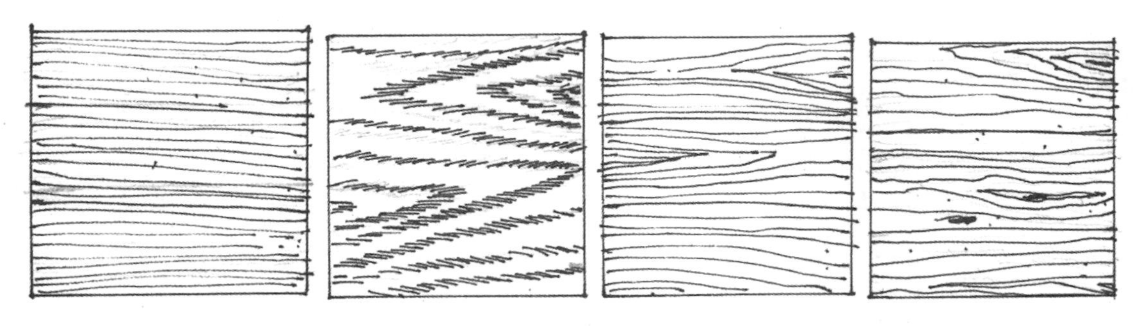

图1-30 木材纹理表现

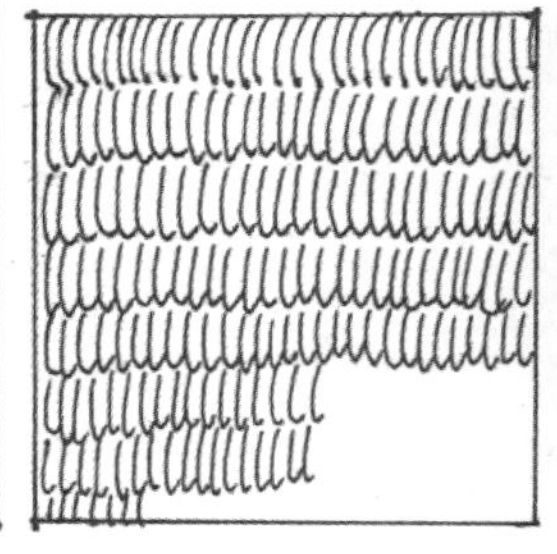

图1-31 藤材纹理

不规则石材墙面，绘制的过程中石材的大小、形状更不相同，画的过程中要表现出石材表面的粗糙质感，石材的缝隙要进行自然填补，表现出石材的质感。这类墙面可以出现在入户玄关处或者电视背景墙等，能够在家居空间中表现粗犷的质感。

砖砌墙面垒砌的砖块在材质、尺寸、色彩上比较规范，画时要表现装饰堆砌起来的质感，注意表现砖石间缝隙的效果，可做宽缝，也可以做细缝，在室内装饰中第二层砖的堆砌多在第一层的中间部位开始，保证整体的干净整洁，部分砖石也会采用不规则大小的砖块，塑造自然墙面的效果。

石材在表现材质上还是以室外材料居多，如景观、建筑的外墙等，在石材表现的过程中要注意石材的光影关系和纹理关系的表现，如图1-33和图1-34所示。

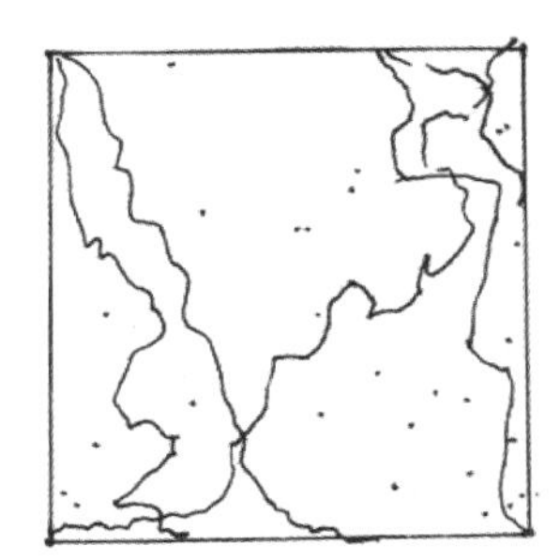

图1-32 石材纹理

图1-33 石材练习（1）

图1-34 石材练习（2）

第三节 软装产品手绘表现

在家居空间中，除墙面、天棚、地面以外，可以移动的、用于装饰家居空间的产品即为软装产品。软装产品具有可移动、便于更新、装饰效果强等特点，是现代家居空间中重要的陈设品。在家居空间设计的过程中，完成天棚、地面和墙面的设计后，最重要的就是展示家居空间的产品效果。软装产品可以包括以下几大类：家具、布艺、灯饰、饰品等。在家居设计的过程中要能够结合客户的喜好和特定风格，根据家居空间硬装的效果来完成软装设计。

一、家具表现基本技法

1. 家具的透视

家具画的是否好看，线条是基础，形体是关键，掌握家具形体画法最重要的因素就是透视关系。在家居空间中，绘制家具产品主要以一点透视和两点透视为主。在绘制家具的过程中，可以将家具看成简单的几何形体，然后在形体上刻画家具。

表现立体图时，按照人的视觉经验，大小相同的物体，离得较近的看起来比离得较远的大，即近大远小。并且平行的直线都消失于无穷远处的同一个点，这个点被称为消失点，消失点所在的直线被称为视平线。在家居空间中，由消失点的个数决定透视效果，主要有一点透视（即一个消失点，如图1-35所示）和两点透视（即两个消失点，如图1-36所示）。

在透视效果中，家具和消失点（家具边线集中的一点）的关系会影响其在家居空间的效果，家具在消失点的上下、左右不同位置时呈现的家居效果有所不同，在一点透视（图1-37）和在两点透视（图1-38）中家具的位置不同，各有差异。

通常情况下，家具的位置普遍位于消失点以下，靠近水平线的位置。如图1-39所示分别为一点透视、两点透视中沙发的位置，以及在一点透视和两点透视中圆柱体的透视效果。在家居空间中，绘制家具产品时首先确定好家具产品是一点透视还是两点透视，然后根据透视关系再进行家具的详细刻画。

2. 家具单体画法

坐具，常见的主要有沙发、椅子、贵妃榻等。在绘制的时候，先确定好透视属于一点透视还是两点透视，然后再进行细节刻画。以单人沙发为例，进行单人沙发单体绘制，如图1-40所示为一点透视沙发画法和两点透视沙发画法效果。

家具基本形体刻画好后，注意表现

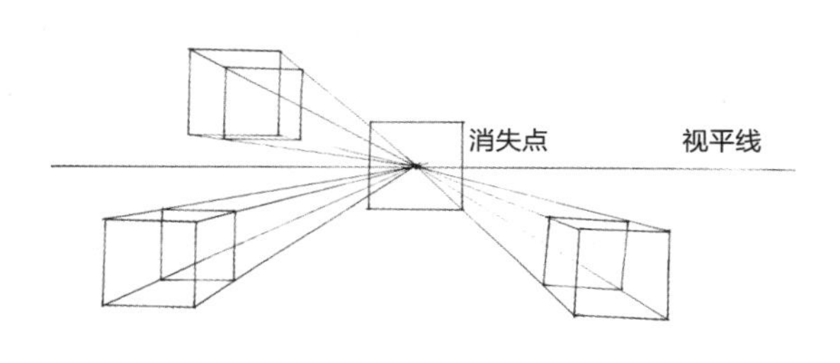

图1-35　一点透视效果

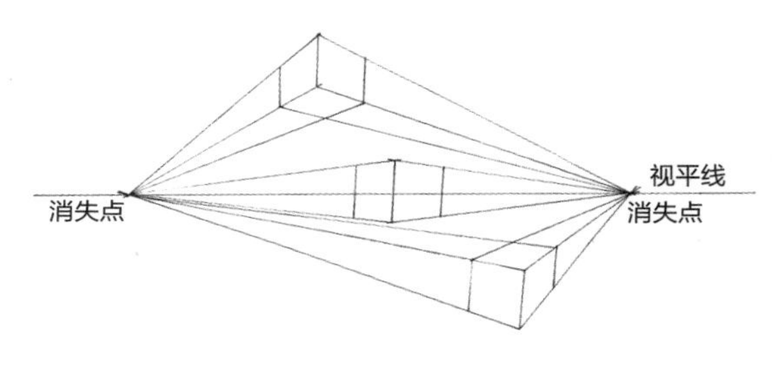

图1-36　两点透视效果

图1-37　一点透视中的沙发

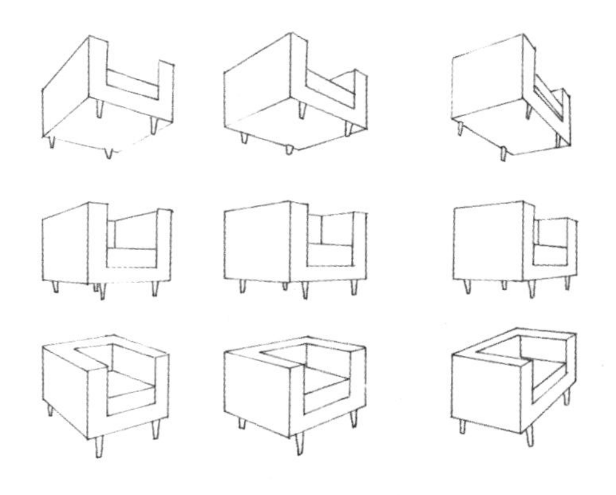

图1-38　两点透视中的沙发

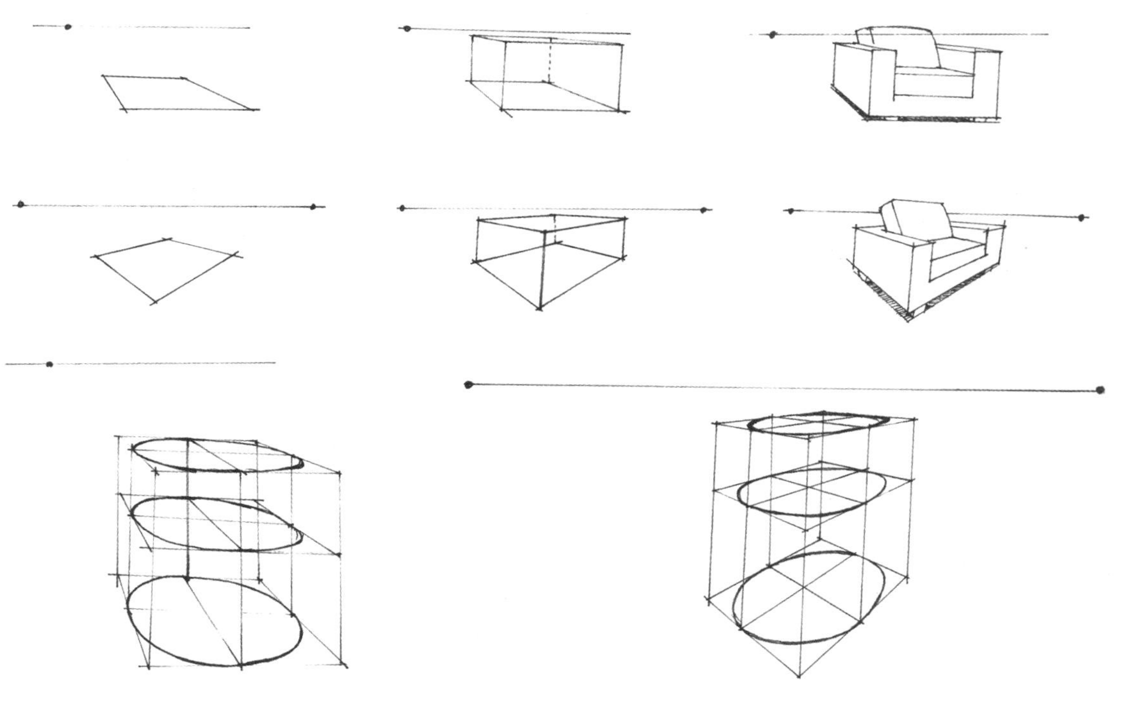

图1-39　透视效果练习

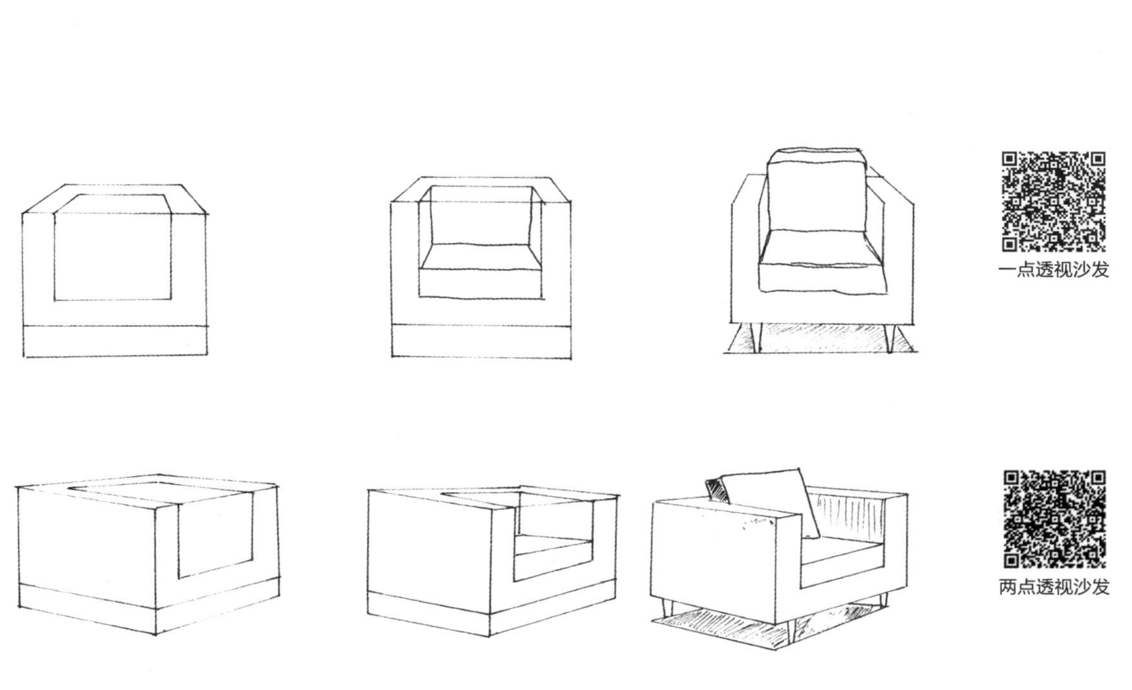

图1-40　一点透视与两点透视沙发画法

家具的亮部、暗部和阴影部位。两人位、三人位沙发可以按照此法依次类推，如图1-41所示。在画的过程中要注意沙发尺寸的比例，通常沙发的进深要能够保证人体正常落座，避免沙发座面过深或者过浅，影响家具效果的表达；沙发扶手的高度要以人体落座后肘部自然垂落的高度为参考，避免高度过矮或者过高。

椅子的画法，同样先确定好透视的基本方体属于一点透视还是两点透视，再进行细节刻画。以单人扶手椅为例，进行单人扶手椅单体的画法，如图1-42所示为一点透视画法和同一椅子两点透视的画法。掌握椅子的形体后再进行扶手绘制。腿部等造型发生变化，可产生不同的椅类造型，刻画的过程中要能够清晰、明确地表达出椅子结构关系，如图1-43所示。

在家居空间中，除了沙发和椅子以外，沙发椅也是常用的坐具，绘制的时候应结合沙发和椅子的画法进行绘制。如图1-44为沙发椅练习。

几桌类，主要包括家居空间中的茶几、边几、电视柜等，用于盛放家居用品为主。茶几和桌子多以简单的几何形体为主，以一点透视方体或两点透视方体进行刻画。一点透视边几或电视柜画法如图1-45所示。桌子和几案在画的过程中需要注意内部结构，注意隔板内部线条并显示出光影和疏密关系。

表现家居空间中产品，采用钢笔绘制时，墨线条较重，绘制的时候就要注重表现家具的内部结构，线条能够体现出光影和疏密关系，如图1-46所示。

床类，床的画法比较简单，床体本身由简单的方体构成，绘制的过程中以一

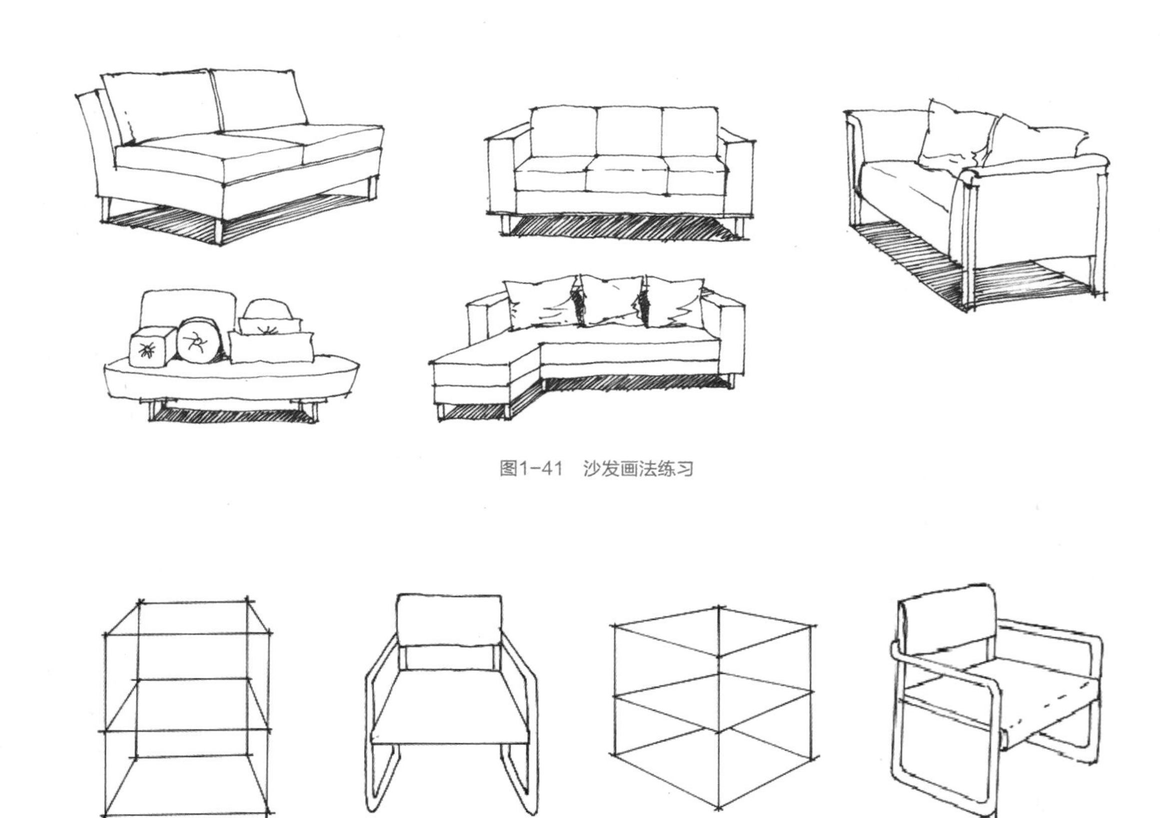

图1-41　沙发画法练习

图1-42　一点透视与两点透视椅子画法

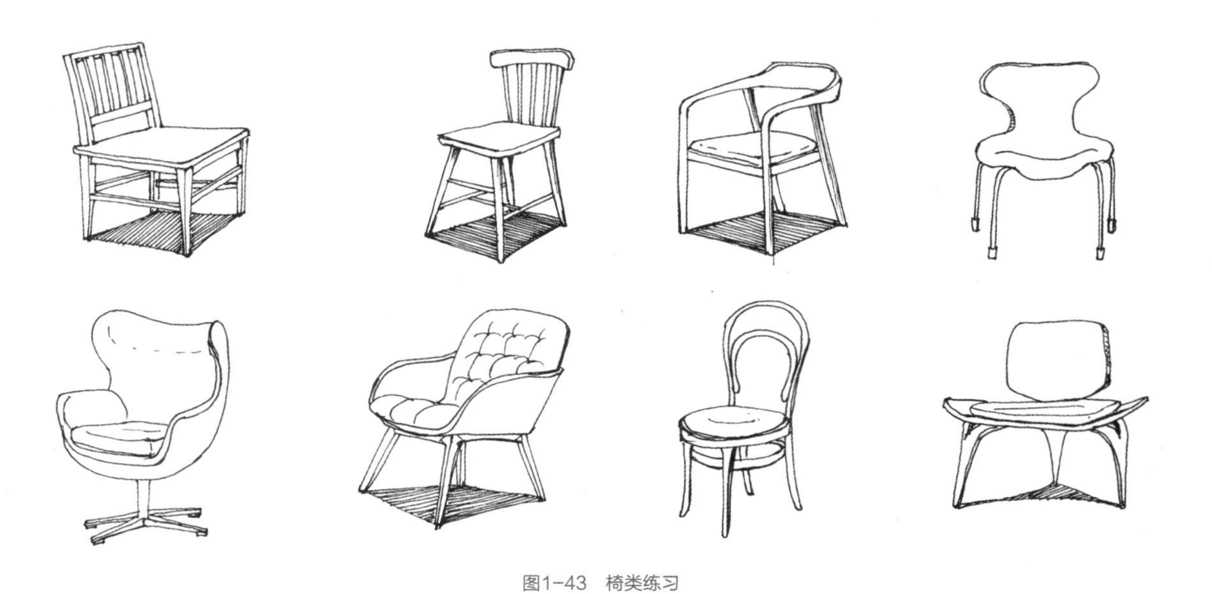

图1-43　椅类练习

图1-44　沙发椅类练习

图1-45　茶几练习

图1-46　钢笔茶几线稿练习

点透视或两点透视的方体为基础，而表现床效果最重要的就是布艺产品，在床上绘制出抱枕和床品布艺即可。床品除了要有抱枕、被品等布艺产品以外，还需要与床头柜等产品进行搭配。如图1-47所示为两点透视床的画法，如图1-48所示为床品练习。

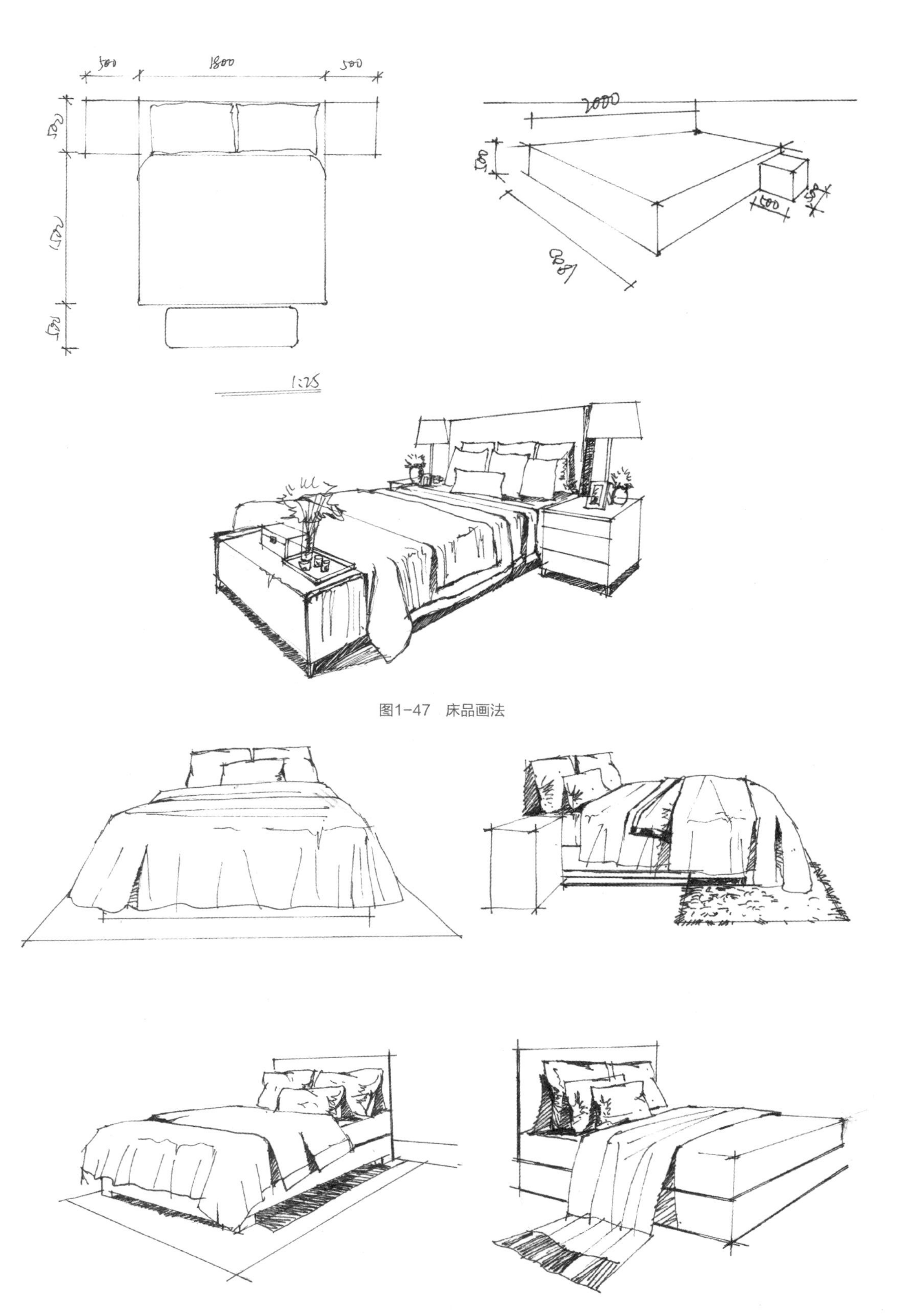

图1-47　床品画法

图1-48　床品练习

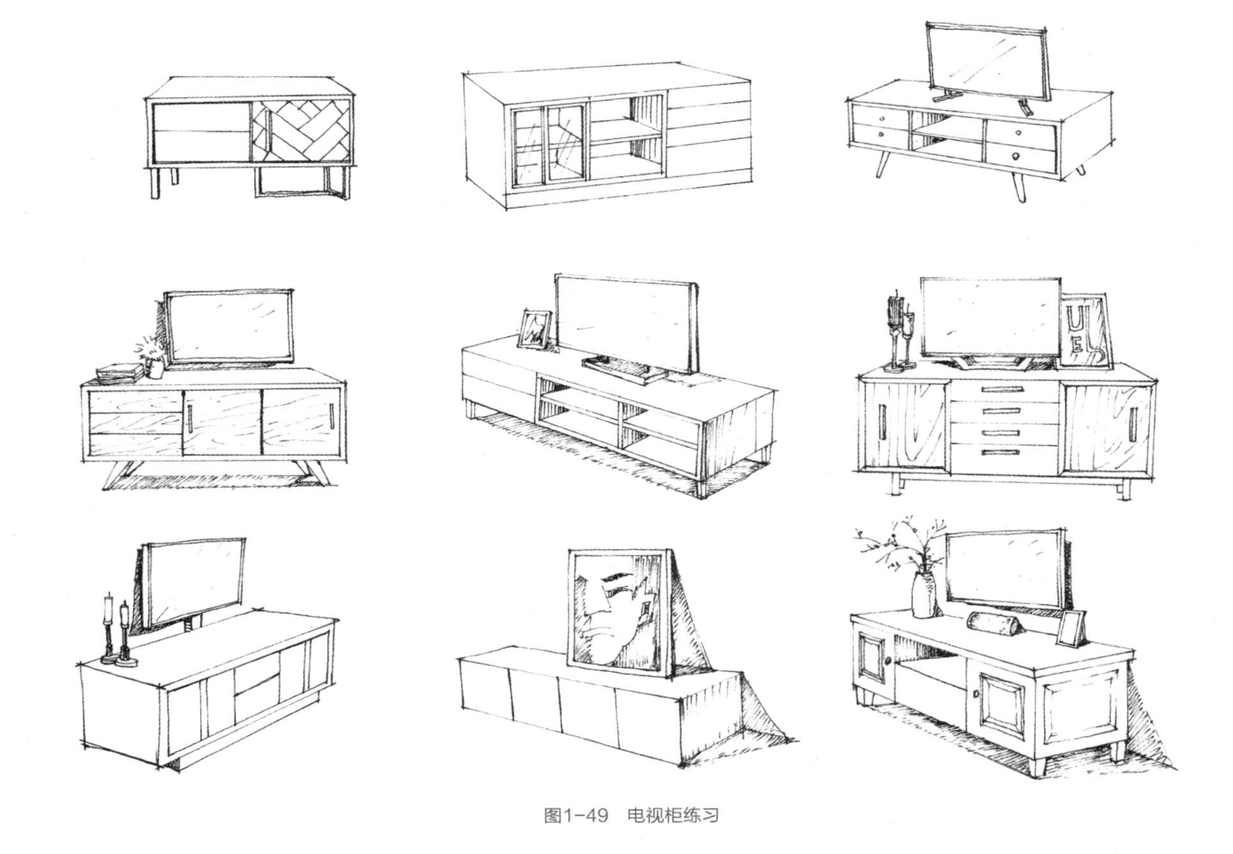

图1-49　电视柜练习

柜类在家居空间中主要是储藏之用，常见的有斗柜、边柜、衣柜、床头柜等。在表现衣柜内部结构或者书柜的过程中，要注意柜类内部的结构特征，即柜类内部如何进行功能分区、隔板透视效果，以及柜内陈设物品的透视和光影关系。如图1-49所示为电视柜的画法练习。

3. 家具组合画法

家具产品组合画法与单体画法类似，可以遵循以下步骤：

第一步，确定位置关系。在纸面上确定好家具与家具之间前后和大小关系，例如沙发与茶几间，茶几在前沙发在后，床头柜对称分布在床体两侧等，确定好家具的位置，能够使家具在空间中位置准确，也便于确定家具的透视关系。

第二步，确定透视方体。在绘制组合家具的过程中，可以先将家具看成几个简单的透视方体，这个简单的透视方体可以都遵循同一透视，即全部都为一点透视或全部都为两点透视；也可以统一透视，即主体家具一点透视，辅助家具两点透视，或主体家具两点透视，辅助家具一点透视。

第三步，确定大小关系。确定好每个家具的透视关系，将家具的透视方体“估算”出来，无论是采用一点透视还是两点透视，每个家具的大小关系在透视效果图中展示的物体都具有近大远小的效果，即同样大小的物品，离我们越近越大，离我们越远越小。将方体的大小确定准确也能够使画完的家具在想要的范围以内，不会出现“纸有多大，家具就有多大”的现象。

第四步，家具细节刻画。在确定好的方体内描绘家具的细部，画法与家具单体画法相同。但是要注意家具组合绘制的过程中，家具前后会有遮挡的关系，在前面的家具会遮挡后面的家具，在绘制位于后面的家具时，遮挡部位不画。画时可以从前往后画，节省修改时间。注意刻画家具组合间的光影关系。

（1）沙发与茶几组合画法

按照家具形体关系，先确定好沙发与茶几的平面位置关系，按照平面位置关系确定好每一个家具的透视关系，如图1-50所示组合体块，主体位置沙发和茶几选择用一点透视，而边部单人座椅则采用两点透视，将透视的方体大小确定后就可以进行家具的细部刻画。其中前部两个单人座椅靠得较近，需要详细刻画，主体为沙发有遮挡，部分位置要简略刻画，最终细部呈现如图1-51所示。

第二组与第三组沙发与茶几的组合同样按照此步骤进行绘制，“确定位置关系—确定透视方体—确定大小关系—家具细节刻画”，画的过程中注意表现家具与家具间的光影关系，如图1-52和图1-53所示。

沙发与茶几
两点透视

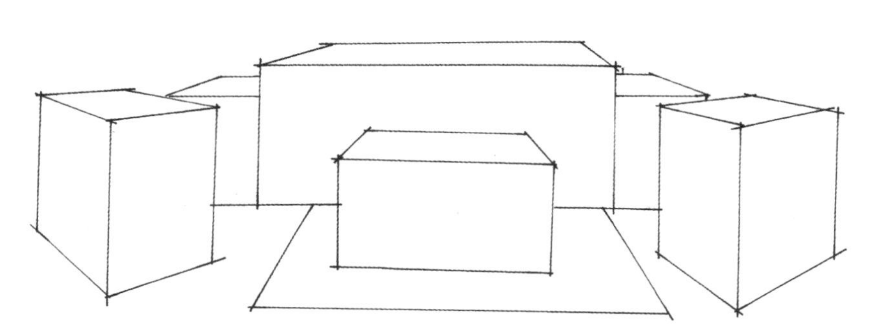

图1-50　沙发与茶几组合体块

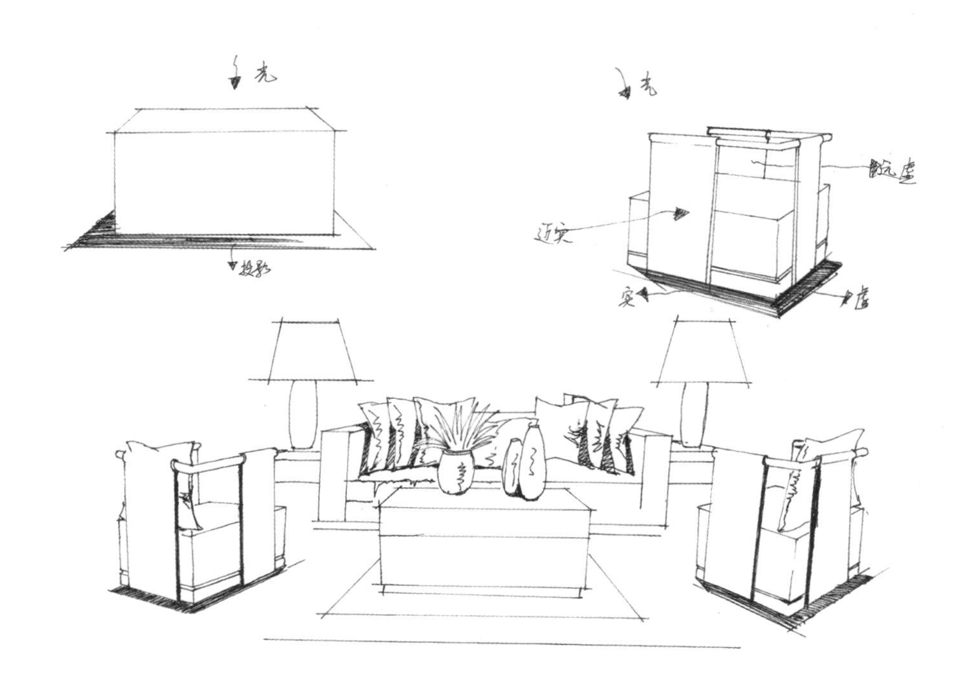

图1-51　沙发与茶几组合（1）

（2）桌与椅类组合画法

在画桌椅、梳妆台与椅类等组合时，先将家具看成简单的几何形体，再进行家具的细节刻画。画桌椅组合时按照桌椅的形体关系，先确定好桌子与椅子的平面位置关系，按照平面位置关系确定好每一个家具的透视关系。主体位置桌子和椅子选择同一透视，将透视的方体大小确定后，对桌子和椅子的细部刻画，如图1-54和图1-55所示。餐椅和餐桌腿部的结构较为复杂，刻画的过程中要注意明确椅子腿部的遮挡关系和椅子的前后关系。

一点透视的组合画时注意按照桌椅的形体关系，先确定好桌子与椅子的平面位置关系，按照平面位置

图1-52　沙发与茶几组合（2）

图1-53　沙发与茶几组合（3）

图1-54　餐桌与餐椅组合（1）

图1-55　餐桌与餐椅组合（2）

关系确定好每一个家具的透视关系，将透视的方体大小确定后，对桌子和椅子的细部刻画，如图1-56和图1-57所示。

（3）床与床头柜组合画法

床与床头柜通常是按照对称式的布局进行摆放。床头两侧摆放床头柜，并且通常床与床头柜会采用统一的透视关系进行刻画。首先按照对称式布局确定好床与床头柜的位置关系。根据平面位置关系确定组合的透视关系，将透视的方体大小确定后，对床和床品的细部刻画，如图1-58所示。

床与床头柜

图1-56　餐桌与餐椅组合（3）

图1-57　餐桌与餐椅组合（4）

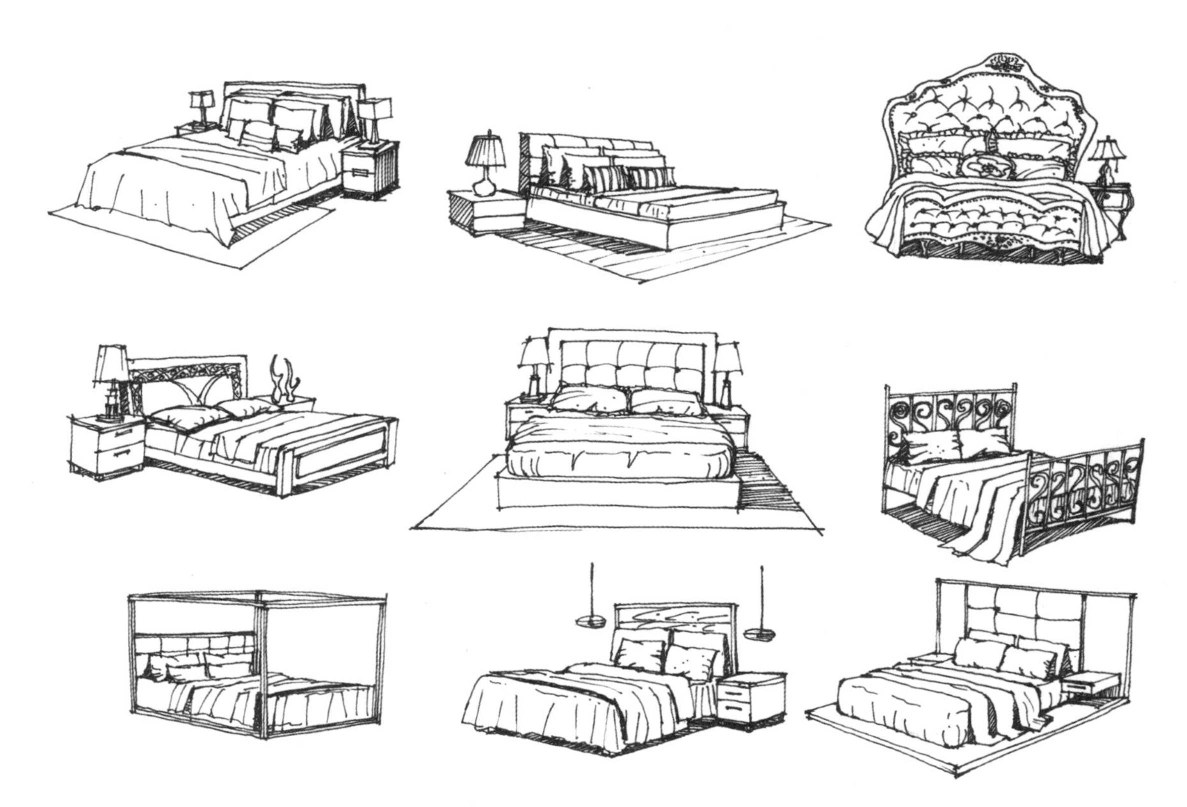

图1-58　床品组合

要注意的是床品中抱枕和被品等布艺的画法。先确定好床和床头柜的平面位置关系，按照平面位置关系确定好每一个家具的透视关系，将透视的方体大小确定后，对床和床头柜的细部刻画。

二、布艺表现基本技法

在家居空间中，布艺能够柔化家居空间的线条，使家居空间更加温暖、亲切、自然。在线条的运用上，选择轻松、柔软的线条来表现布艺的质感。在家居空间中布艺的主要形式有抱枕、床品、窗帘、地毯等。在布艺进行表达的过程要注意表现出布艺产品的立体感和体积感，避免布艺产品画得过于平面，特别是抱枕、头枕以及床品下垂的布褶都需要表现出布艺的质感。

1. 抱枕的画法

抱枕主要以简单的几何形体为基础，再刻画出抱枕的布艺情况。在表现抱枕的过程中，单个抱枕要能够清晰、明确地表现出厚度与体积感，能够将抱枕上的褶皱表现出来，再刻画抱枕的光影关系，将抱枕的阴影部分表达出来；在表现成组的抱枕时，重点需要将抱枕的前后关系、大小关系表现出来，刻画的时候可以将成组的抱枕看成简单的几何形体，然后在几何形体上进行刻画，如果抱枕表面有装饰图案，再根据装饰图案刻画抱枕形体。抱枕的画法如图1-59和图1-60所示。

抱枕通常出现在沙发、床、休闲座椅、飘窗等位置，是营造家居空间装饰效果的重要陈设。沙发上的抱枕画的过程中，叠加层数基本不超过三层，搭配设计时可以选择中间位的抱枕在材质和造型上做特异的效果，以突出设计的质感；而床上的抱枕摆放层数多可到5层，而沙发椅、休息座椅抱枕多以单个为主，飘窗等处可以成对出现。

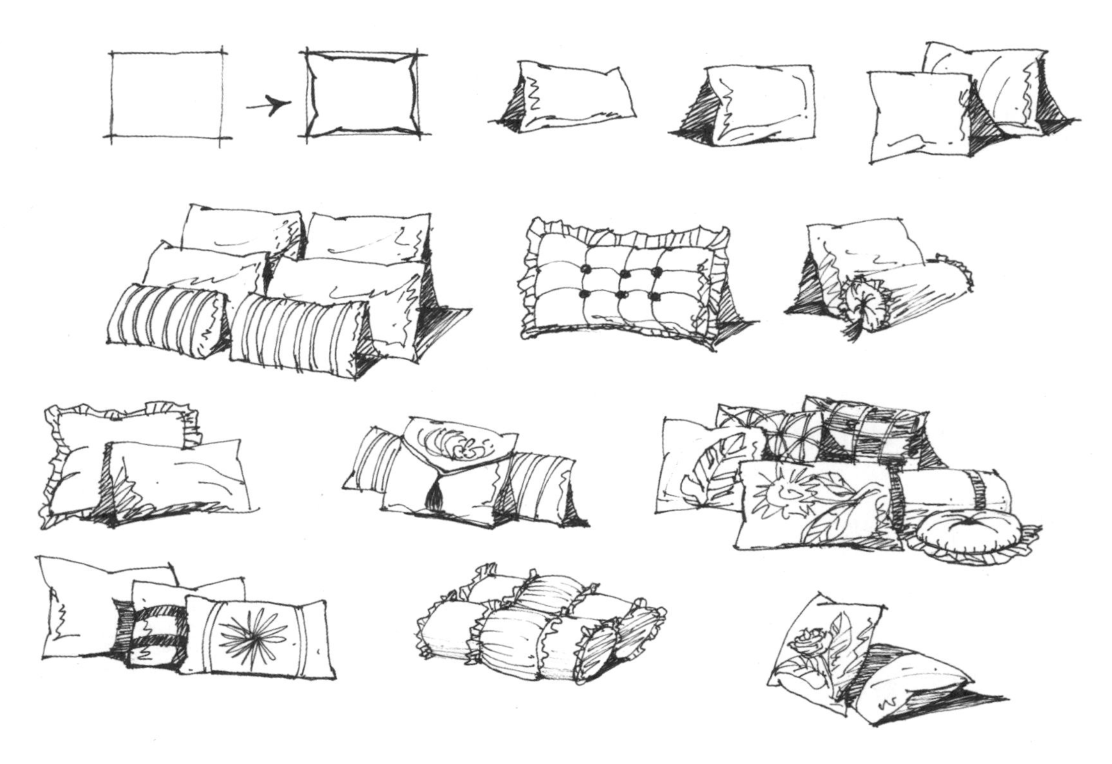

图1-59 抱枕画法（1）

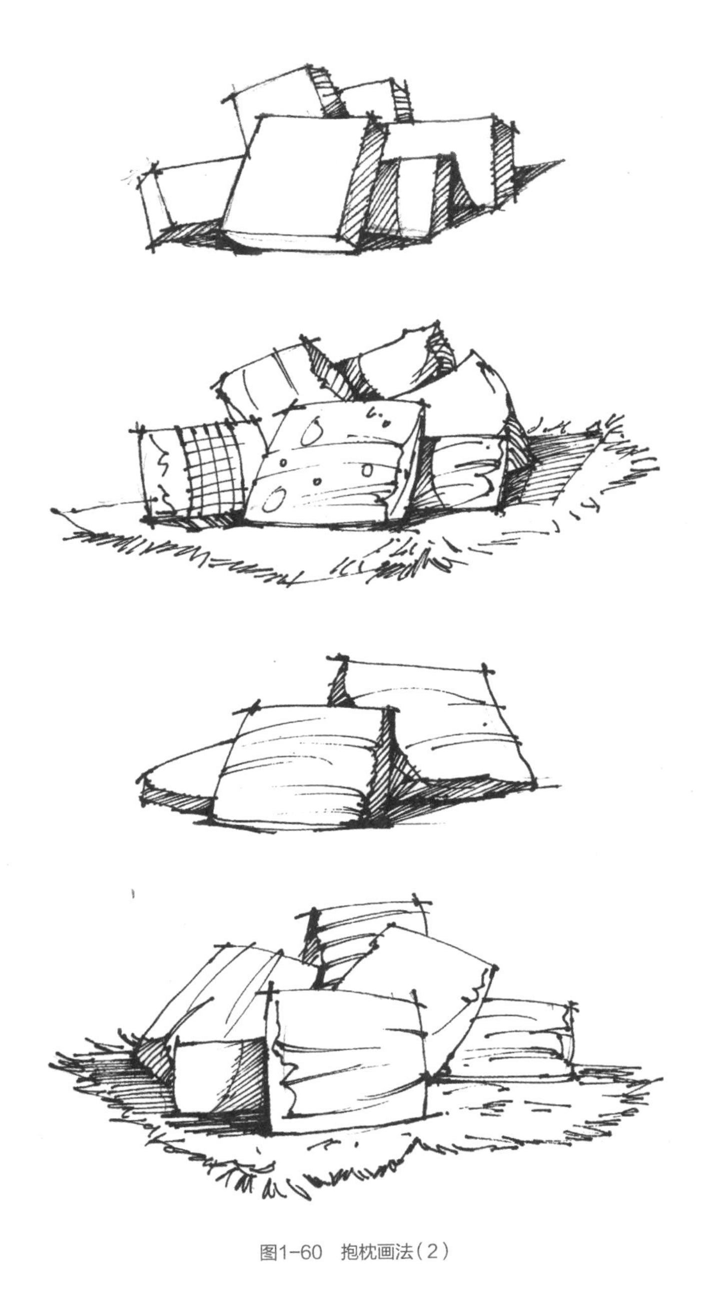

图1-60　抱枕画法（2）

2. 窗帘的画法

窗帘的画法相比抱枕更加自由，窗帘的面积较大，在家居空间中多以垂坠为主。家居空间中窗帘的种类比较多，画的过程中结合家居空间的风格选择窗帘的形式。

窗帘的状态主要有自然垂坠的状态，即窗帘全部展开。此时画的过程中，用自然曲线表现窗帘底部，垂直的状态自上而下，自然下落，通常这种画法可以表现家居空间中的纱帘效果。为了表现装饰效果，窗帘会打褶，在底部垂坠后形成凹凸有致的效果。此外，在家居空间中窗帘还会有收起的状态，通过窗帘扣、布带等进行装饰，此时画的过程中要注意窗帘的上部和下部能够彼此协调，不要出现上小下大或者上大下小的形式。窗帘在进行装饰时，帘头也是装饰的重点，会有流苏、花边等进行装饰。窗帘除了布艺窗帘以外还有百叶窗、卷帘、珠帘等装饰形式，可以根据家居空间的装饰效果来选择窗帘的形式，如图1-61所示。

3. 床品的画法

在家居空间中，除了抱枕和窗帘作为大面积的布艺以外，床品也是重要的布艺产品。床上除了抱枕以外，床单、帷幔、被品以及搭毯等都是重要的布艺床品。画的过程中要注意床单或被品下垂时状态的刻画，了解床品的光影关系，表达出床品的暗部，对于一些有明确花纹样式的布艺进行刻画时，还需要表现布艺纹理的特征。在刻画床品的过程中要能够运用流畅、自然的弧线刻画床品的外部轮廓，在表现褶皱等时勾勒外形，然后表现布艺丰富纹样等细节。画床单、被品等能够结合床的体块透视形态进行刻画，同时也要注意表现出布艺间上下、穿插和前后遮挡关系，范例如图1-62所示。

4. 桌布的画法

桌布也是家居空间中重要的布艺产品，画桌布的过程中需要确定桌子的形体，桌布顶部按照桌面透视形态进行刻画。圆形桌在铺设桌布后，桌子遍布的褶皱自然分散，均匀画出即可。而方形的桌子，大褶在桌子的四角，画时以桌子的四角进行刻画，可参照床品垂坠的效果画出

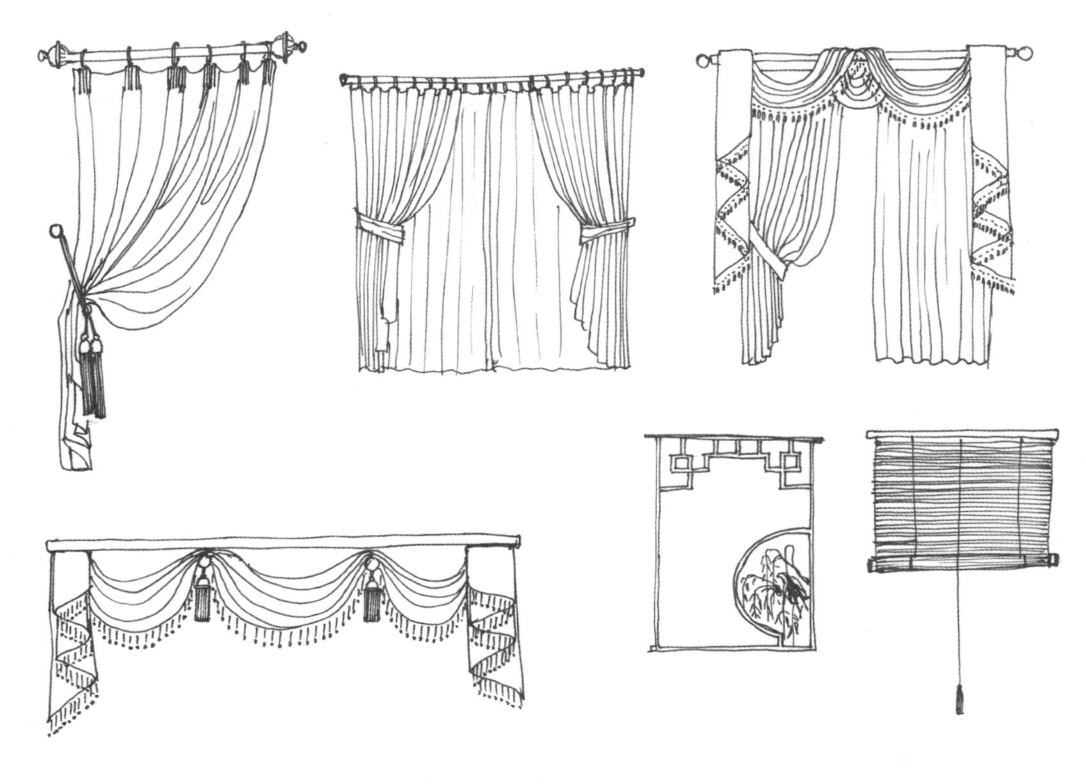

图1-61 窗帘范例

图1-62 布艺产品范例

下摆，通过进出的效果表现出布艺的层次感。桌面还需要显示出光影效果，还有桌面上陈设的转折形状的阴影也能体现进深感，范例如图1-63所示。

5. 地毯的画法

地毯是家居地面铺设的材料，分为长绒地毯、短绒地毯以及编制地毯等。画地毯的过程中需要表现出地毯的装饰效果，地毯的表现范例如图1-64所示。

通过以上布艺表现讲解可知，在画布艺产品的过程中，要注意以下几点：

第一，注意光源和布料间的关系，确定光源后，能够表现出布艺的光影关系，细化布艺产品的明暗关系。

第二，布艺产品刻画过程中，要能概括出布艺产品的结构和形体，表现布艺产品的立体感，线条要虚实、繁简得当。

第三，布艺的细部刻画要能表现出质地，注意布艺转折处的纹理走向和纹理的变化。布艺质感偏硬的，边缘线条以挺直为主，褶皱明显的锐角；质感柔软的布料，边缘过渡柔和，褶皱流畅。

图1-63　桌布范例

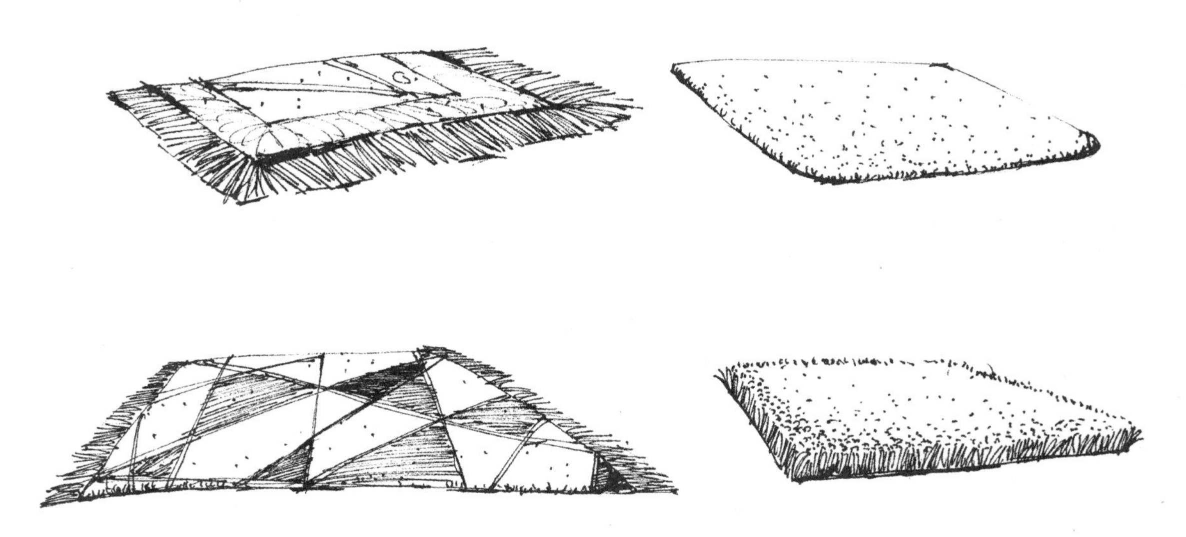

图1-64　地毯范例

三、灯饰表现基本技法

灯饰是家居空间中重要的照明产品，也是家居空间中重要的装饰产品。灯饰的种类主要有吊灯、吸顶灯、壁灯、台灯和落地灯等造型形态。灯具的形态各异，造型多变，绘制的过程中主要了解灯的基本结构和形体，将复杂的灯具转化为简单的几何形体，再按照透视关系刻画灯具的细节。

1. 灯饰透视分析

灯具刻画的过程中要先分析灯具的基本结构，无论是造型简洁的吸顶灯、球形吊灯，还是造型结构复杂的吊灯，都可以看做简单的几何形体，按照透视关系将灯具的轮廓画出。对于灯具形体的刻画要注意确保灯具的对称性和灯罩的造型特点。

单头灯具可以看做最简单的几何形体，无论是方形灯罩还是圆形灯罩，都可看成是简单的几何形体，按照透视关系画一点透视或两点透视的几何方体。多头灯在画的过程中，将它们化繁为简，也将复杂的灯具看做简单的几何形体，特别是传统的欧式吊灯、焊锡灯或云石灯等，造型上多以对称为主。绘制时先确定好中线，然后沿着中线灯头可以看做对称排列的简单几何形体，采用四、六、八等对称的灯头数排列。绘制吊灯的过程中，一定要保证吊灯的线是自然竖直下垂，减少弯线和不自然的曲线来连接吊灯。

2. 灯饰表现范例

灯饰表现的关键在于形体的透视关系、比例、对称是否协调。

透视关系中，要保证无论是规则的几何形体灯具，还是不规则的几何形体灯具，灯具基本框架的透视能够符合整个家居空间的透视，即在一点透视的家居空间中，灯具保持一点透视，两点透视的家居空间灯具采用两点透视。

比例关系中，要保证灯具的大小比例能够和整个家居空间相协调。特别是吊灯和吸顶灯在绘制的过程中能够适应整体的家居环境，避免过大或者过小。同时，灯具与灯具之间的比例也能够协调，成排灯具的出现要注意近大远小的关系，如图1-65所示。

对称关系中，要保证单头灯具刻画的过程中灯具能够左右对称，造型协调；多头灯绘制的时候各个灯头之间能够按照对称关系进行排列，细致描绘的时候能够保证灯具、灯罩造型形体的一致与协调。灯具范例如图1-66和图1-67所示。

四、花品表现基本技法

在现代家居空间中，花品是营造家居空间氛围、进行家居空间色彩点缀、丰富家居空间色彩的重要陈设。在家居空间布置的过程中，花品还能够弥补空间的不足，例如家具与墙面之间的角落、墙面死角、阳台等空间，利用花品装饰来提升整个家居空间利用率。因此，花品也成为家居空间手绘效果图表现过程中不可或缺的一部分。

对于效果图表现的过程中，色彩搭配过于单调，花品能够成为最便捷的色彩装饰。而如果家居效果图表现过于集中，花品也可以外扩空间轮廓，增加家居空间的体量感。花品的画法不同于家具、灯具以及多数的饰品，采用直线、自由曲线搭配进行绘制，花品则采用自由线条为主进行形体、光影的刻画。

1. 花品画法分析

常见的家居空间花品可以分为两大类：绿植和花艺。在画家居空间效果图的时候，根据花品在家居空间的位置可以分为“近景、中景、远景”。此时，无论是绿植还是花艺，刻画时要注意其中的虚实关系，通常可以按照“近景实、中景虚、远景略”的画法处理。近景植物形体清晰，轮廓明确，细节处理得当；中景植物，相较于近景植物处理过程中部分线条轮廓较虚，详略得当；而远景花品，手绘细节可以省略，只简单表达轮廓关系、光影关系即可。近景、中景、远景植物如图1-68所示。

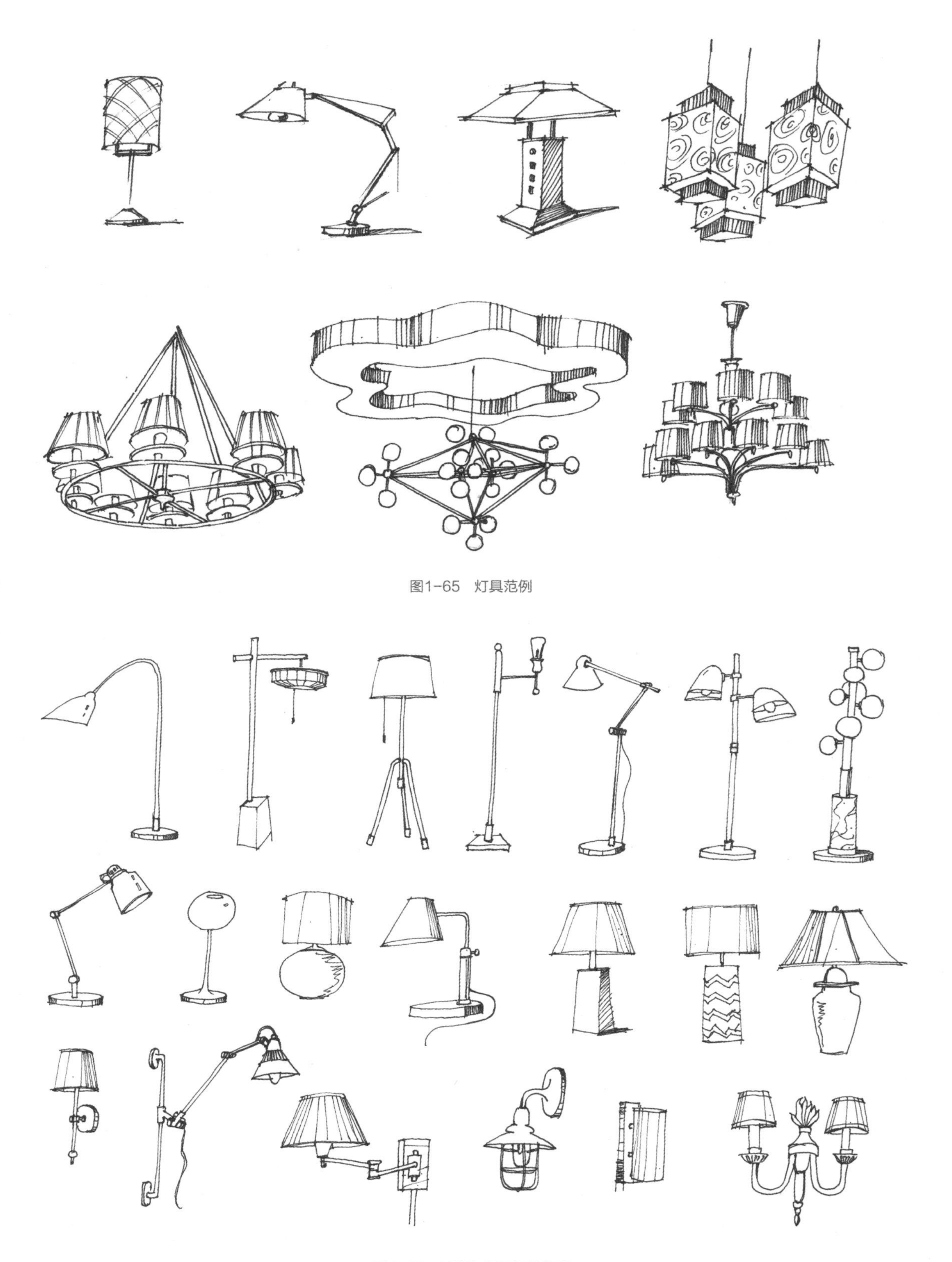

图1-65　灯具范例

图1-66　地面与墙面灯具范例

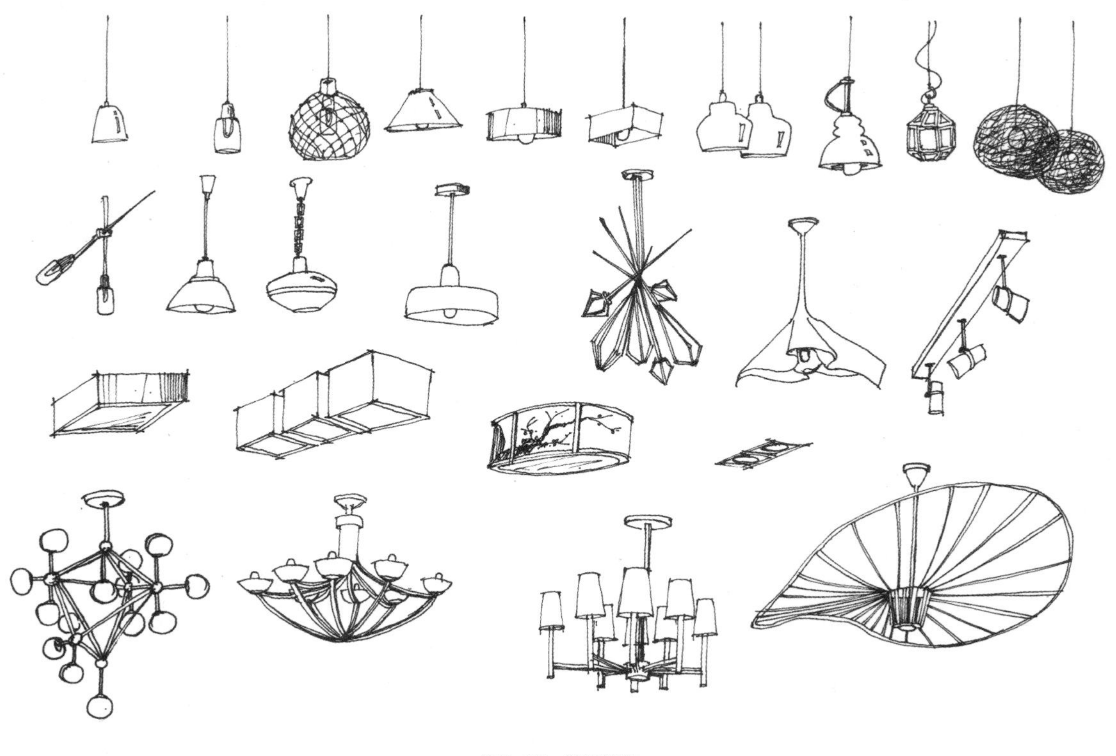

图1-67　吊灯范例

图1-68　花品的远近

2. 花品手绘范例

绿植即绿色植物，常见的绿植种类丰富，不同的家居空间中可以装饰不同效果的绿植。手绘绿植的过程中要注意能够把握绿植的基本形体。绘画时，绿植多采用自由线条为主。处理好绿植的枝干和叶形关系，质感之间前后、穿插和遮挡的关系，如图1-69所示。

在表现花艺的时候，要把握好花的形态，表现过程中能够虚实结合，不同绿植的叶形单一。花艺画的过程中需要多种自由线条组合在一起，避免过多长而直和太过规则的几何形体出现，花艺范例如图1-70所示。

图1-69　绿植范例

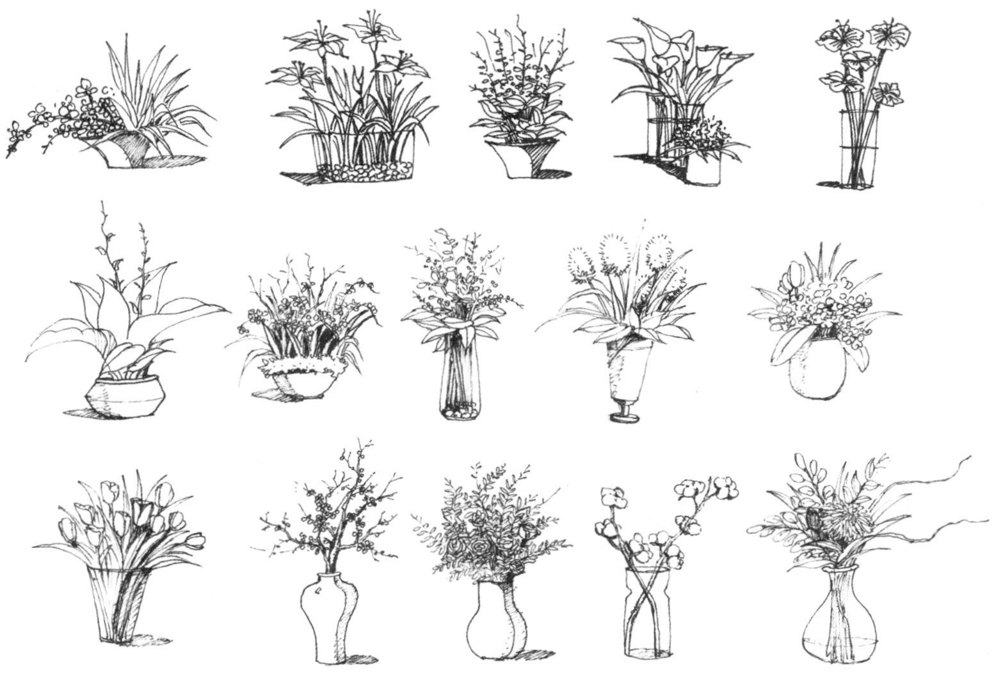

图1-70　花艺范例

五、饰品组合表现基本技法

饰品组合是指家居空间中的装饰性陈设。主要包括艺术品（壁画、挂画、圆雕、浮雕书法、摄影、陶艺等），工艺品（玉器摆件、玻璃器皿、屏风、刺绣屏风等），收藏及观赏品等。饰品是表现家居空间生活品位、展示主人兴趣和喜好的重要陈设品。

1. 饰品手绘分析

家居空间中饰品的摆放依照大小进行展示。大件雕塑、摆件、大型挂画以独立形式出现在家居空间中，作为重点展示出现在家具或者墙面上；中小型的饰品以组合的形式出现，一般摆放在家具上。不规则形体的饰品表现可以参考花品的画法，注意远、中、近的关系表现和虚实表现，如图1–71所示。

2. 饰品组合手绘范例

近景饰品，刻画的过程中，需要把握好饰品的形体，能够按照透视、光影和位置关系处理饰品的组合，注意植物与饰品间摆放到一起的遮挡关系。饰品的组合摆放，可以按照不规则的三角形构图进行摆放，表现过程中要使饰品组合具有重心，注意处理饰品的高、中、低和前、中、后层叠关系。画框类的饰品，以几何形为主，画时注意表现画框的透视、立体效果和光影关系，如图1–72所示。

六、产品组合表现基本技法

产品组合是指家居空间中软装饰品的组合陈设。产品组合的练习，一方面有利于处理空间中产品之间的关系，能够锻炼手绘技能；另一方面，产品组合的练习有助于在进行家居设计时处理好软装产品的摆放，提高设计能力，如图1–73和图1–74所示。

1. 产品组合手绘分析

在家居空间产品组合摆放的过程中，先确定好家具体块再进行软装饰品的刻画。组合产品在绘制过程中，按照一点透视或两点透视的效果，绘制出透视体块，再进行家居产品的细节刻画，从大到小、从整体到局部进行绘制。软装饰品与家具产品之间的比例关系、光影关系是处理的重点，关系到绘制出来的产品组合是否搭配合理、准确。

图1–71 饰品组合（1）

（a）饰品　　（b）画品

图1-72　饰品组合（2）

图1-73　一点透视产品组合

图1-74　两点透视产品组合

2. 产品组合手绘范例

刻画家具产品的过程中，确定好家具的基本透视形体，能够按照透视、光影和位置关系将家具的体块确定下来，再刻画与家具相搭配的布艺、花品、灯具等饰品组合。软装饰品的种类要与家具产品搭配适应。

刻画饰品装饰的过程中，要注意虚实结合，详略得当。对于快速表现的线稿，饰品的形体可以概括画出；而在精细线稿中，可以进行细致处理。注意饰品与家具之间、饰品与饰品之间遮挡、阴影、比例的关系。范例如图1-75至图1-80所示。

图1-75　沙发产品组合

图1-76　边柜产品组合（1）

图1-77　边柜产品组合（2）

图1-78　客厅产品组合（1）

图1-79 客厅产品组合（2）

图1-80 卧室产品组合

本章小结

优秀的家居手绘效果图并不是一蹴而就的，需要在学习过程中反复练习，能够脚踏实地、稳扎稳打，需要“钉钉子”。手绘表现基础对于效果图表现就是打基础、利长远的过程。线条表现要干净、利落、流畅，产品组合突出主次、轻重、空间关系，能够为后续绘制空间效果图产生积跬步以至千里的效果。

第二章　家居空间透视表现

透视是通过一层透明的平面去研究后面物体的视觉科学，透视学是通过线性透视和其他科学透视的一种方法。而在建筑、园林景观、家居效果图中的透视图则是将看到的或设想的建筑、景观、家居效果等依照透视规律在效果图上表现出来，再现物体的空间、色彩和体积感。

家居空间的透视是效果图表现中最重要的一点，透视是整个家居空间效果是否合理的首要决定因素。在家居空间中，常见的透视效果有一点透视、两点透视和一点斜透视。透视学的基本概念和常用名词很多，在家居空间效果图表现的过程中，为了便捷快速地表现出家居效果，可以简化复杂的透视学。在绘制家居效果图的过程中应注意以下几个概念。

视平线：与人眼等高的一条水平线HL。

视线：视点与物体任何部位的假象连线。

视点：人眼睛所在的地方，标识为S。

视域：眼睛所能看到的空间范围。

灭点：透视点的消失点。

第一节　一点透视效果图表达

一点透视就是在画面中有一个消失点的效果图。在一点透视中，家居产品主体在画面上的相对位置不变，它的长、宽、高三组主要方向的轮廓线有一个方向的立面平行于画面，具有近大远小的效果，又称正面透视。一点透视的效果图具有近大远小、近实远虚、近高远低的特点，是家居空间手绘效果图中最基本的表达，如图2-1所示。画时效果图画面结构要合理，构图要准确。

一点透视画法

一、一点透视构图原则

手绘表达中，要注意视点在确定的过程中应该遵循以下几条原则。

1. 一般家居空间降低视点

在透视图中，视点的高度按照正常的人眼的高度而定，一般为150~160cm，但采用这个视平线高度绘制，会使家具过矮、过小，为了使家居空间画面协调，采用降低视平线的做法。降低视点时，视平线高度一般低于人眼高度，即在画面的约1/3高度，这种取景方式适合表现局部细致的场景。

2. 家居空间越大，内框越小

在大环境和比较大的场景的家居空间中，为了使整个家居空间都能够收入到画面中，需要将家居中的内框缩小，这样的构图方式能够体现出家居空间的进深感，不仅能够表现整体的局部设计，也能够表现出细节的设计特征。

3. 消失点尽量不定在正中间

绘图的过程中，画面的消失点一般定在画面偏左或偏右的地方，能够使家居空间的效果更加灵活自由。在绘制家居空间效果图时，了解不同的消失点的位置、构图的特征，并能够结合空间效果，选择合适的构图效果，具体如表2-1所示。

在家居空间中视平线、消失点、内框的特征会影响家居效果图的表现，具体构图形式如下:

①在绘图的过程中，视平线HL的位置尽量选择中间稍微偏下的位置，但是避免过于偏上或偏下，以防止构图纸面剩下空白较多。

②除视平线外，消失点的位置也会影响整体的效果。消失点过于偏上或偏下、偏左或偏右会导致纸面上下、左右空白较多，尽量避免。

③内框的大小决定家居空间的进深感，内框小进深感较强，反之进深感较弱。内框偏左、偏右决定了空间主次的变化。如果主要表达内容在空间右侧，那么在定内框的时候就可以适当偏左一点。

图2-1　客厅空间一点透视

表2-1　视点位置与家居构图效果

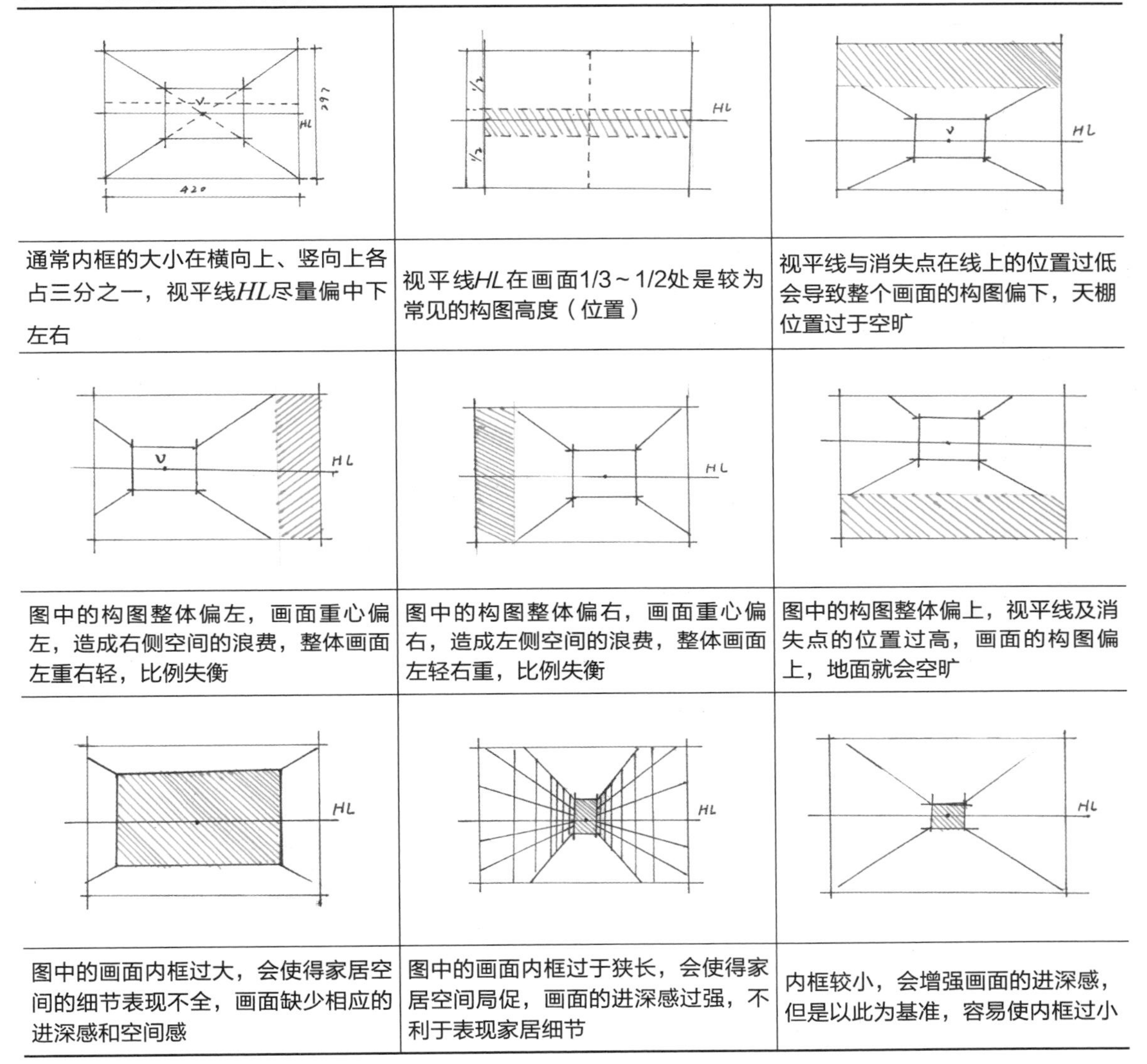

通常内框的大小在横向上、竖向上各占三分之一，视平线*HL*尽量偏中下左右	视平线*HL*在画面1/3～1/2处是较为常见的构图高度（位置）	视平线与消失点在线上的位置过低会导致整个画面的构图偏下，天棚位置过于空旷
图中的构图整体偏左，画面重心偏左，造成右侧空间的浪费，整体画面左重右轻，比例失衡	图中的构图整体偏右，画面重心偏右，造成左侧空间的浪费，整体画面左轻右重，比例失衡	图中的构图整体偏上，视平线及消失点的位置过高，画面的构图偏上，地面就会空旷
图中的画面内框过大，会使得家居空间的细节表现不全，画面缺少相应的进深感和空间感	图中的画面内框过于狭长，会使得家居空间局促，画面的进深感过强，不利于表现家居细节	内框较小，会增强画面的进深感，但是以此为基准，容易使内框过小

在家居空间手绘效果图中，内框的位置决定了空间效果图表现是否合理。例如在图2-2中，因为内框过于偏右，使整个家居空间在效果呈现偏重，打破家居空间的均衡感，整个家居空间的重点都向右偏移，家居空间会有右重左轻的效果，即便细节刻画得当也容易失去画面的均衡感。而在图2-3中，整个画面在内框的选择上稍微偏左，既能表现家居空间右侧沙发、茶几的重点和细节刻画，也能够使整个家居空间画面均衡、稳定。

构图是影响画面均衡稳定效果的重要因素，合理的构图能够使画面更加美观，也能体现出绘画和设计的水平。在刚开始绘制家居空间手绘效果图的过程中，可以参考一点透视家居空间的设计效果图、手绘案例等图片，练习家居空间构图设计，进而提升审美。

在练习家居空间效果图的过程中，要能够对画面体量和空间关系进行把握，能够表现出家居空间的特征。空间内家居的基本布置、硬装特点等，通过手绘效果表现出来，画图时要能够清晰、明确地表达出来家居空间中墙、窗、隔断等硬装的结构特征。并且要明确在家居空间中对于画面展现的效果不同，手绘线稿的

图2-2　家居空间内框偏右

图2-3　家居空间内框稍偏左

效果也会有所差异。

单纯依靠黑白线稿时，需要明确地表达出家居空间内产品的体积关系、光影关系、纹理和材质特征等，如图2-4所示，画面中家居空间的效果图能够将家居风格、家具特征、软装产品造型与结构、材质和肌理通过黑白线稿表现出来。如果后期需要用马克笔、彩铅等进行上色，太多的墨线笔触会使得色彩效果“脏”“乱”，因此后续需要上色的家居线稿，则不需要过多的笔触进行绘画，在绘制线稿时，需要表现出基本的家居空间结构、家居产品轮廓和简单的肌理效果即可，如图2-5所示。

在家居空间效果图表达中，一点透视是绘画和设计的基础，在了解一点透视构图的基本特征后，依次类推两点透视或一点斜透视的构图特征。在效果图表达过程中要明确并不是纸张有多大绘画的纸面就有多大，画面要在上、下、左、右留有一定的余地，一方面便于图纸的装订和保存，另一方面，也能够使画面“实”和边界“虚”，具有虚实结合的效果。

纸张的大小不同，画面留有的边界可以不同，通常A4幅面的效果图中，画面的边界可以保持在1~1.5cm，而A3幅面的纸张可以保留1.5~3cm的边界。若表现的图纸是草图、概念图纸、沟通方案等设计图纸，画面的边界视情况而定。通常画面构图时以居中为宜，再进行绘图。

纸张的形状和大小对于画面的体现也有所不同，横向的长方形纸张可以表达大多数的家居空间，如客厅、卧室、厨房等，方形的画面给人方正平稳的感觉，水平方向上具有延伸的感觉。而竖向的长方形则可以表达过高的空间，如错层、loft等家居空间，竖向的长方形纸张具有垂直向上的气势感，能够体现出空间的向上之感。

图2-4　黑白线稿手绘效果图

图2-5 马克笔上色线稿

二、一点透视画法与技巧

1. 一点透视卧室画法

在家居空间进行一点透视绘制时，结合透视学一点透视的画法和快速简单地表达出家居空间效果，可以将一点透视家居空间手绘效果图简化为六个基本步骤：定内框—画视平线—找消失点—画墙线—确定家具位置—画家具方体—刻画家居细节。

画如图2-6所示的一点透视卧室空间，分析图中家居空间，以一点透视为主，家居空间重点在左侧的床和床头部分，内框可稍向右偏移。为快速表达家居空间效果，调节空间色彩和形体构图，将椅子转化绿色植物调节，卧室空间具体详细的绘图步骤如下。

图2-6 卧室空间

（1）定内框

在一点透视的家居效果中，内框是指正对着纸面的墙面，是距离我们较远的墙面。内框基本决定了整个家居空间最终的大小和家居效果。在确定内框时，纸面留有边界后，将整个画面竖向和横向各分为3份，中间的长方形确定为内框，即卧室空间内，正对窗的墙面即为内框。

（2）画视平线

在一点透视图中，具有画面横平竖直、进深消失于同一消失点的特征，平直的视平线决定了消失点的位置，为表现出画面稳重的特点，视平线的选择通常为整个内框高度的1/3~1/2的偏下处。如果视平线选择偏上的位置，画完的家具会过于低矮，并且家具面过大，容易出现“上帝视角”的效果。如果视平线在底部的三分之一处，画完的家具不但低矮，上部空间会过于空旷，也不利于空间效果的表达。因此，视平线多选择在内框高度的1/3~1/2处。

（3）找消失点

消失点影响家居空间中重点效果的表达。如果想表达家居空间的右侧，消失点则稍微偏左；如果想表达家居空间的左侧，消失点则稍微偏右。图2-6中所示重点表达左侧的床和床头柜，因此消失点稍微偏右。内框、视平线和消失点确定的效果如图2-7所示。

（4）画墙线

画墙线是构建家居空间中基本结构的过程，连接墙线后构成了家居空间中天棚、地面、墙面。在一点透视中，家居空间能够看到正对的墙面和左右两侧墙面，可以看到家居空间中三个墙面。画时将消失点与内框四个交点连接延伸画直线，画出墙面与天棚、墙面与地面的交接线，如图2-8所示。

（5）确定家具位置

家具的基本位置即家具在空间中摆放的位置，也是家具产品的正投影图。确定家具位置时，要使家具产品能够摆放在图片中，注意比例和位置关系。家具的位置是保证效果图中所有家具产品都处于画面中的重要因素。画的过程中，家居空间的家具位置按照一点透视的过程画出平面图，如图2-9所示。

（6）画家具方体

画出家具的方体主要是确定家具的高度，在一点透视内框中的高度和长度基本不变，以此作为参考画出家具的高度，以*HL*线的高度作为基准高度，确定家具基本方体的高度，将家具以一点透视的体块形式表现出来。注意表现出家具的前后关系，如图2-10所示。

（7）刻画家居细节

刻画细节，主要是在家具方体的基础上刻画家具产品的细节。在细节的刻画中能够表现出产品的材质、形体特征和肌理效果。完成家具等产品细节刻画后，布置家居空间的硬装材质，天棚、地面和墙面装饰效果，表现出各个家居产品之间的光影、前后和遮挡关系，如图2-11所示。

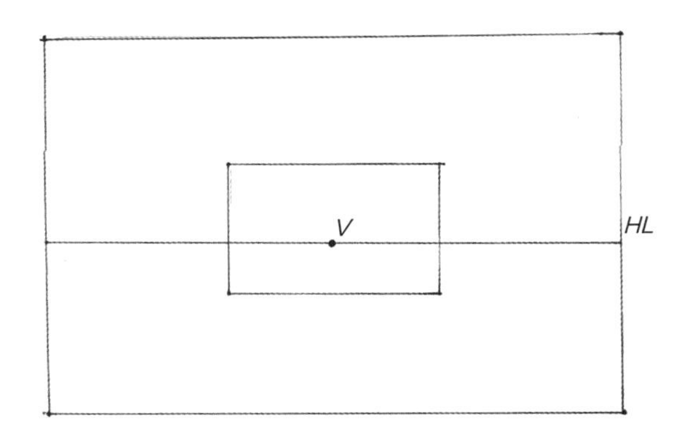

图2-7 定内框、视平线与消失点

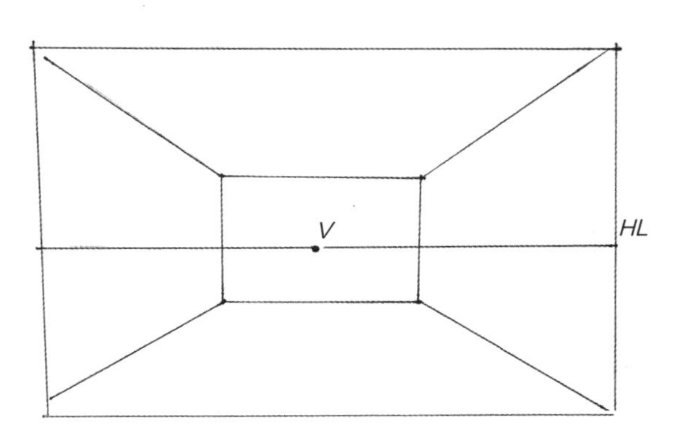

图2-8 画墙线

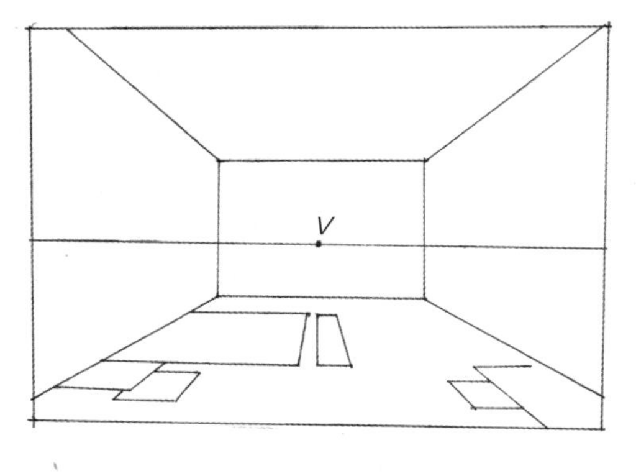

图2-9 确定家具位置

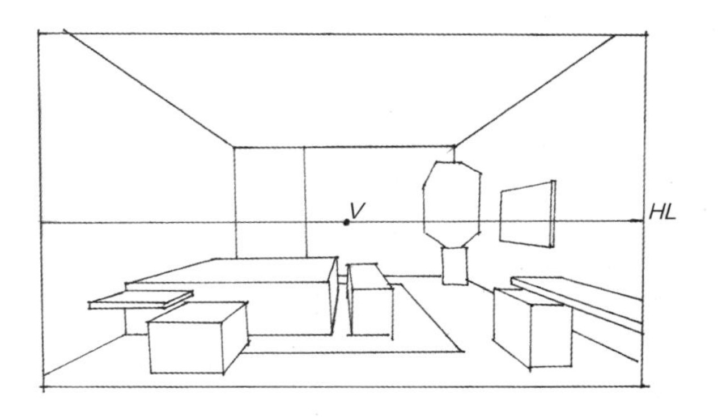

图2-10 画家具方体

图2-11 刻画家居细节

2. 一点透视客厅画法

如图2-12所示的家居空间效果按照上述步骤重新绘制。分析图片特征，以主位沙发、单人座椅、美人榻完成基本家具布置，右侧落地窗，左侧书柜，将家具都保留在画面中，消失点可适当偏左。基本步骤：定内框—画视平线—找消失点—画墙线—确定家具位置—画家具方体—刻画家居细节。

（1）定内框

在确定内框时，留有边界后，将整个画面竖向和横向各分为3份，中间的长方形确定为内框。

（2）画视平线

视平线选择在内框高度的1/3~1/2处，视平线的高度以1/2偏下为宜。

（3）找消失点

消失点适当偏左，将家具都能够固定在整个画面之中。

（4）画墙线

画墙线构建家居空间中天棚、地面、墙面。消失点与内框四个交点连接延伸画直线，画出墙面与天棚、墙面与地面的交接线，如图2-13所示。

（5）确定家具位置

画的过程中，家居空间的家具位置按照一点透视的过程画出主位沙发、单人座椅、美人榻的平面图，如图2-14所示。

图2-12 客厅空间

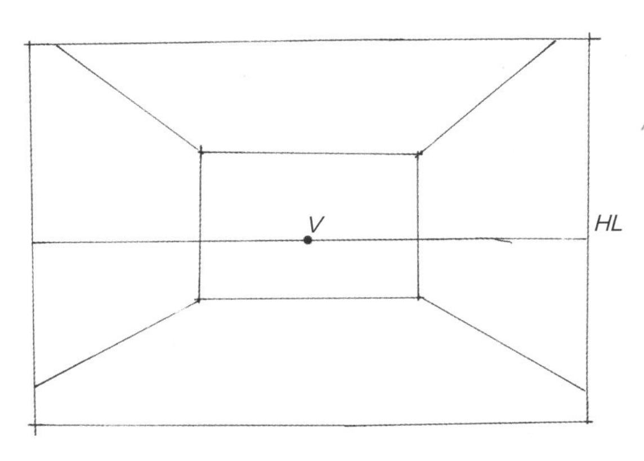

图2-13 定内框、视平线、消失点与墙线

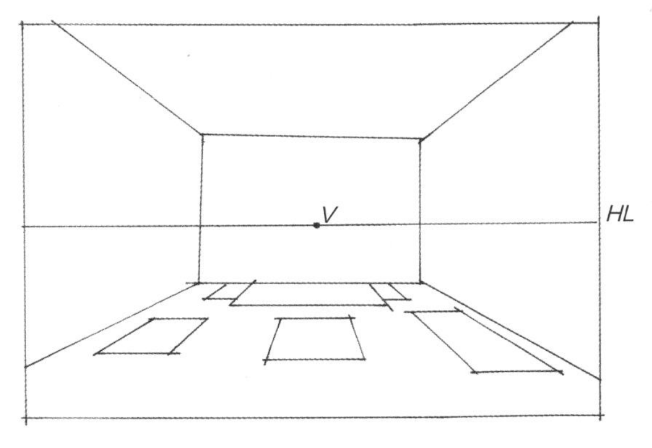

图2-14 画家具位置

（6）画家具方体

参考HL线的高度作为基准高度，确定家具基本方体的高度，画出一点透视的体块形式，如图2-15所示。

（7）刻画家居细节

刻画家居细节，刻画家具、吊顶、窗、书柜等家居产品的基本形体，能够表现出家具产品的材质、形体特征和肌理效果，注意家居产品之间的光影、前后和遮挡关系，如图2-16所示。

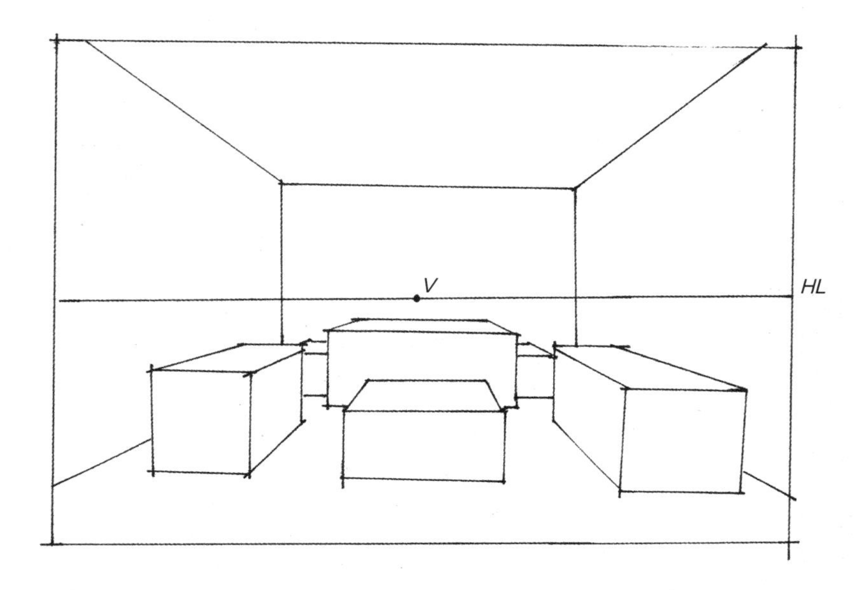

图2-15　画家具方体

图2-16　刻画家居细节

三、一点透视图范例

深入刻画细节时，要能通过加减法的方式，将家具的基本结构和家具上面的基本产品表现出来，可以按照家具产品组合的形式表现出来，再去掉多余的辅助线。在表现家居产品之间结构的过程中要能够表达出家居之间的主次、虚实和光影关系，家具产品作为主体进行刻画，地面材质、布艺、花品、画品等软装产品适当虚化，使整个画面能够更加灵活多变。范例如图2–17至图2–20所示。

图2–17　客厅范例（1）

图2–18　客厅范例（2）

图2-19 卧室范例（1）

图2-20 卧室范例（2）

第二节　两点透视效果图表达

一、两点透视构图特征

在家居空间中，除了有一面墙面平行于纸面、家居产品消失于一点的情况，还会有在视平线上出现两个消失点的情况。在两点透视中，墙线会与画面斜交，于是在画面上形成了两个消失点，并且消失点均在视平线*HL*上，这样形成的透视图即为两点透视图。在两点透视图中，同样具有透视的基本效果，近大远小，近实远虚，近高远低，画面中的原有垂直线或平行画面水平线聚焦在两个消失点上。在一点透视中能够体现家居空间五个平面，三个墙面和天棚、地面，而在两点透视的效果图中展示的是家居空间四个面，天棚、地面和两个墙面。

在一点透视中家居和画面整体的感觉规则、方正，表现出的家居空间较为简洁，画法简单，容易上手，是透视图表现中最为基础的过程。与一点透视相比，两点透视的家居效果画面灵活并富有变化，较为适合表现丰富复杂的场景。两点透视效果的缺点是角度不好掌握，容易造成家居空间效果不好把握，要多加练习。画时同样视平线*HL*和消失点宜靠下绘制，消失点的位置也会决定家居空间的视觉效果。想表现的家具产品宽大、有距离感，消失点宜选择较远的位置，超出画面外；若想表现小的家居空间效果，消失点可以选择在纸的边缘位置，但也以画面外为宜。

二、两点透视画法与技巧

1．两点透视卧室画法

在家居空间进行两点透视绘制时，可以结合一点透视的画法绘制两点透视效果图，可以将两点透视家居空间手绘效果图简化为七个基本步骤：定中线—画视平线—找消失点—画墙线—确定家具位置—画家具方体—刻画家居细节。

室内两点透视画法

画如图2-21所示两点透视卧室空间。分析图中家居空间的特点，家居空间以两点透视为主，重点在右侧的床和床头部分，左侧消失点较远，右侧消失点较近，左侧梳妆台可以收边处理，简化家具的基本结构，卧室空间具体详细的绘画步骤如下。

（1）定中线

与一点透视的家居效果不同，两点透视由中间的中线基本决定了整个家居空间最终的大小和家居效果。中线通常定在画面效果的中间附近，画面重点为右侧。中线的高度，定位在整个画面高度的1/3，位置在横向上中间稍微偏右，即为中线。

（2）画视平线

在两点透视图中，视平线的选择通常为整个中线高度的1/3~1/2的偏下处。这种定中线的方式，能够使画面中家具的重心都在地面上。

（3）找消失点

两点透视中，两个消失点决定了家居空间画面的效果，图2-22中两个消失点均选择在纸面以外，左侧消失点较远，右侧消失点较近，这样能够表达右侧的床和床头柜。内框、视平线和消失点确定的效果如图

图2-21 卧室空间

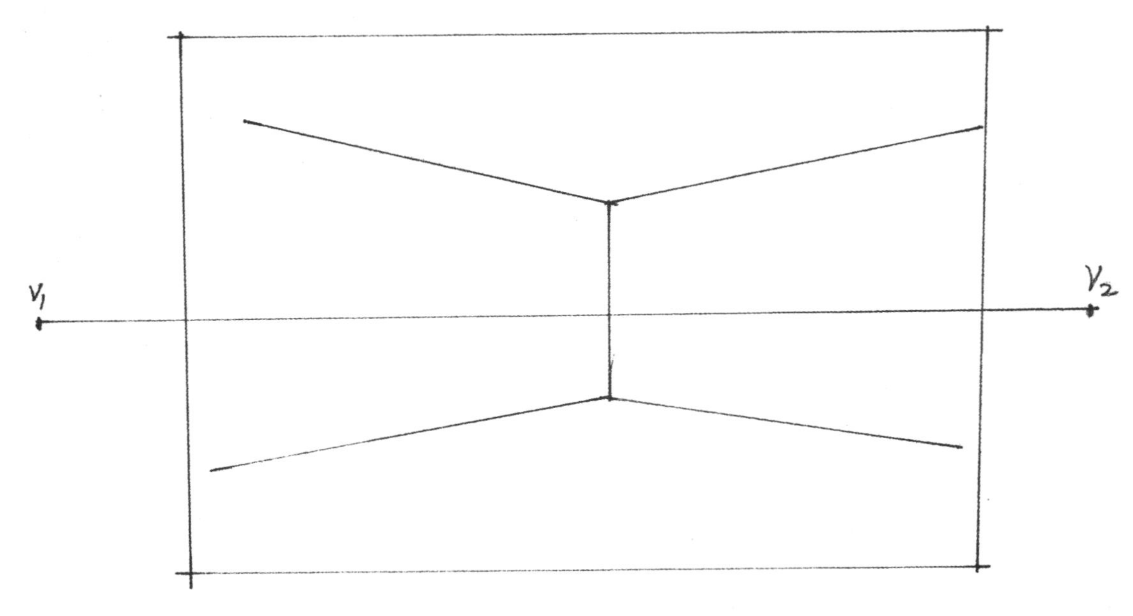

图2-22 定中线、视平线与墙线

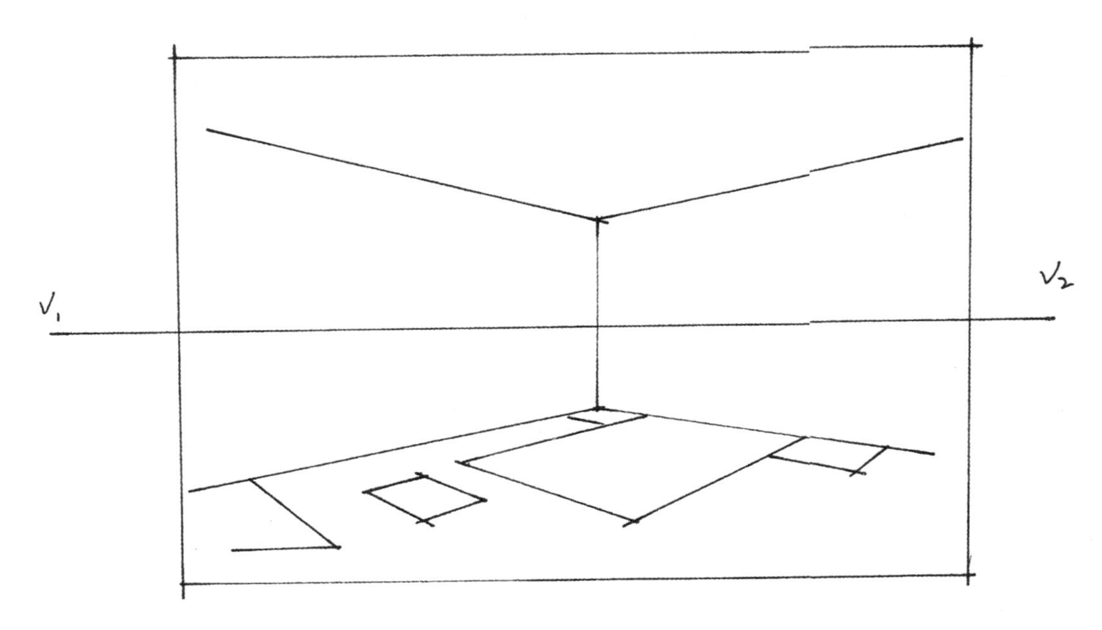

图2-23　定家具位置

2-22所示。图中外框为纸的边缘，而非画面外框。

（4）画墙线

根据中线和两个消失点的位置确定墙线。将消失点与中线相连作延长线，构成家居空间中天棚、地面分别与墙面交接的线条。连接墙线后构成了家居空间中天棚、地面、墙面。在两点透视中，家居空间能够看到正对的墙面，如图2-22所示。

（5）确定家具位置

家具的基本位置即家具在空间中摆放的位置，也是家具产品的正投影图，按照卧室空间的家具的位置，由两个消失点确定平面图，如图2-23所示。

（6）画家具方体

按照两点透视的消失点，以视平线作为参考，确定家具方体的高度。将家具以两点透视的体块形式表现出来。注意表现出家具的前后、遮挡的关系，如图2-24所示。

（7）刻画家居细节

刻画家具细节，主要是在家具方体的基础上刻画家具产品的细节。在细节的刻画中能够表现出产品的材质、形体特征和肌理效果。完成家具等产品细节刻画后，布置家居空间的硬装材质，天棚、地面和墙面装饰效果，表现出各个家居产品之间的光影、前后和遮挡关系，如图2-25所示。

2. 两点透视客厅画法

如图2-26所示的客厅空间以两点透视为主，家居空间重点在左侧的沙发和茶几部分，右侧消失点较近，左侧消失点较远，右侧消失点定于纸边，客厅空间绘图步骤如下。

（1）定中线

中线的高度，定位在整个画面高度的1/3，位置在横向上中间稍微偏右，即为中线。

（2）画视平线

视平线高度为中线高度的1/3~1/2的偏下处，使画面中家具的重心都在地面上。

（3）找消失点

图中两个消失点均选择在纸面以外，左侧消失点较远，定于纸外（超出画面以外），右侧消失点较近，定于画面边缘（或纸张的边缘），能够表达右侧的沙发和茶几的部分。

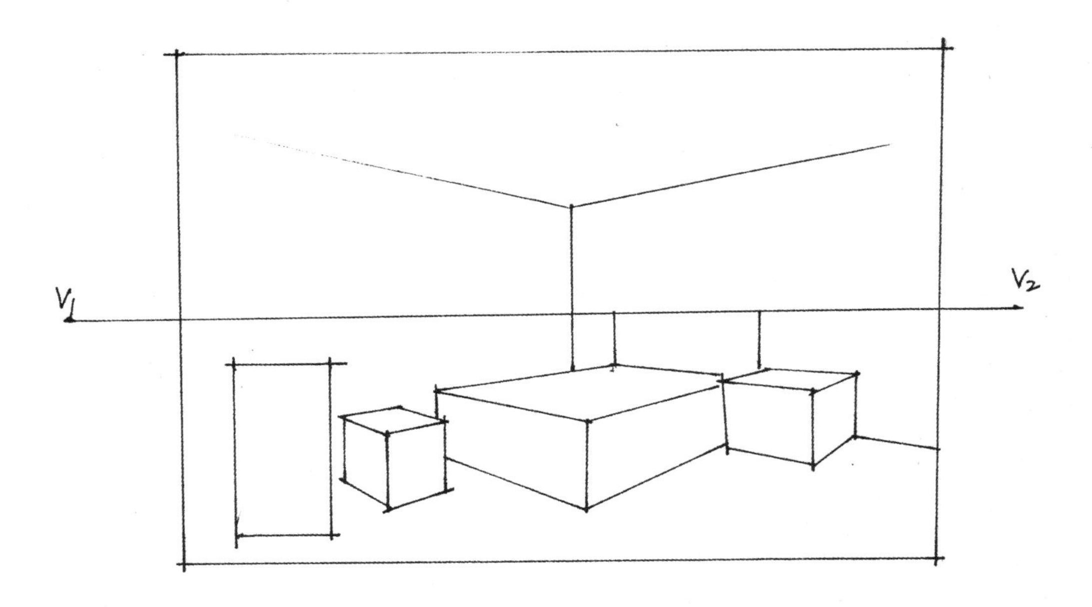

图2-24　画家具方体

图2-25　刻画家居细节

图2-26　客厅空间

（4）画墙线

连接中线和两个消失点的位置，确定墙线。将消失点与中线相连作延长线，构成家居空间中天棚、地面分别与墙面交接的线条，如图2-27所示。

（5）确定家具位置

家具的基本位置即家具在空间中摆放的位置，也是家具产品的正投影图，按照客厅空间的家具的位置，由两个消失点确定平面图，如图2-28所示。

（6）画家具方体

按照两点透视的消失点，以视平线作为参考，确定家具方体的高度。将家具以两点透视的体块形式表现出来。注意表现出家具的前后、遮挡的关系，如图2-29所示。

（7）刻画家居细节

刻画家具细节，在透视方体的基础上刻画家具产品的细节，表现出产品的材质、形体特征和肌理效果。完成家具等产品细节刻画后，布置家居空间的硬装材质，天棚、地面和墙面装饰效果，表现出各个家居产品之间的光影、前后和遮挡关系，如图2-30所示。

三、两点透视图范例

两点透视绘制的过程中要能够熟练表现家居效果，将家具的基本结构和家具上面的基本产品表现出来，可以按照家具产品组合的形式表现出来，再去掉多余的辅助线。同样注意表达家居产品之间的主次、虚实和光影关系。家具产品作为主体进行刻画，地面材质、布艺、花品、画品等软装产品适当虚化，使整个画面能够更加灵活多变。范例如图2-31和图2-32所示。

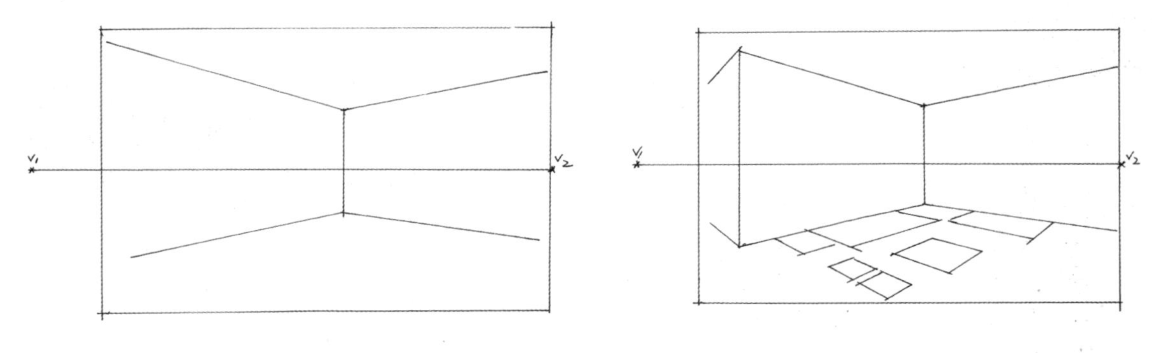

图2-27　定中线、视平线与墙线

图2-28　确定家具位置

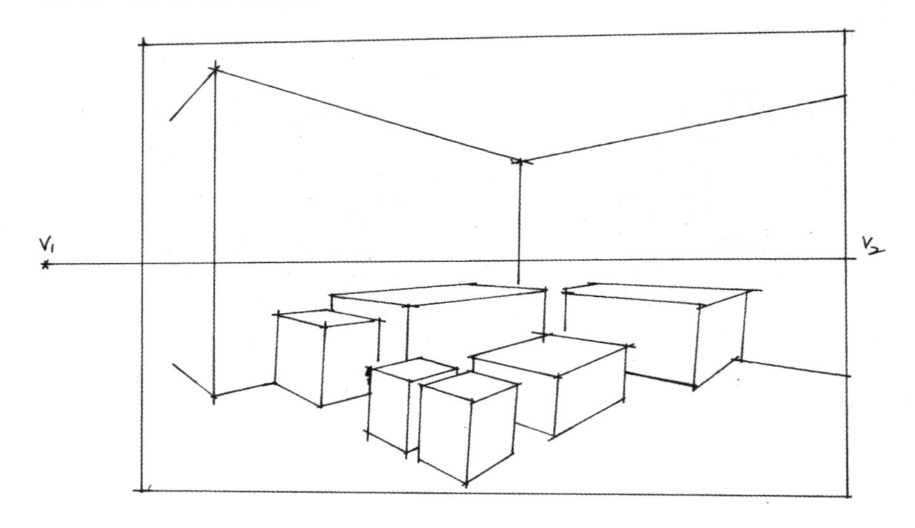

图2-29　画家具方体

图2-30　刻画家居细节

图2-31　客厅范例（1）

图2-32　客厅范例（2）

第三节　一点斜透视效果图表达

一、一点斜透视构图特征

在家居空间中，除了一点透视和两点透视以外，在两点透视中还会出现具有一定角度透视效果的情况，称为一点斜透视或成角透视。成角透视属于两点透视，在透视效果中家居产品的纵深与视中线成一定角度的透视，景物的纵深与视中线不平行并向两侧的消失点相交。一点斜透视具有一点透视和两点透视的特性。

在一点透视中，家居和画面整体的感觉规则、方正，表现出的家居空间较为简洁；两点透视效果图表现出家居空间灵活多变；一点斜透视能表现天棚、地面和三面墙，类似一点透视，而又像两点透视一样，具有两个消失点，具有一点透视和两点透视的特性，在空间的表现上更加灵活、多变，适合表现丰富复杂的场景。在一点斜透视中，一个消失点位于画面外或画面边部，另一个消失点则类似于一点透视，在正对的墙面上。

二、一点斜透视画法与技巧

1. 一点斜透视卧室空间

绘制一点斜透视手绘效果图，结合一点透视与两点透视的效果图表现，可以将步骤简化为六个基本步骤：定内墙—找第二个消失点—画墙线—确定家具位置—画家具方体—刻画家居细节。画如图2-33所示的卧室空间，具体步骤如下。

图2-33　卧室空间

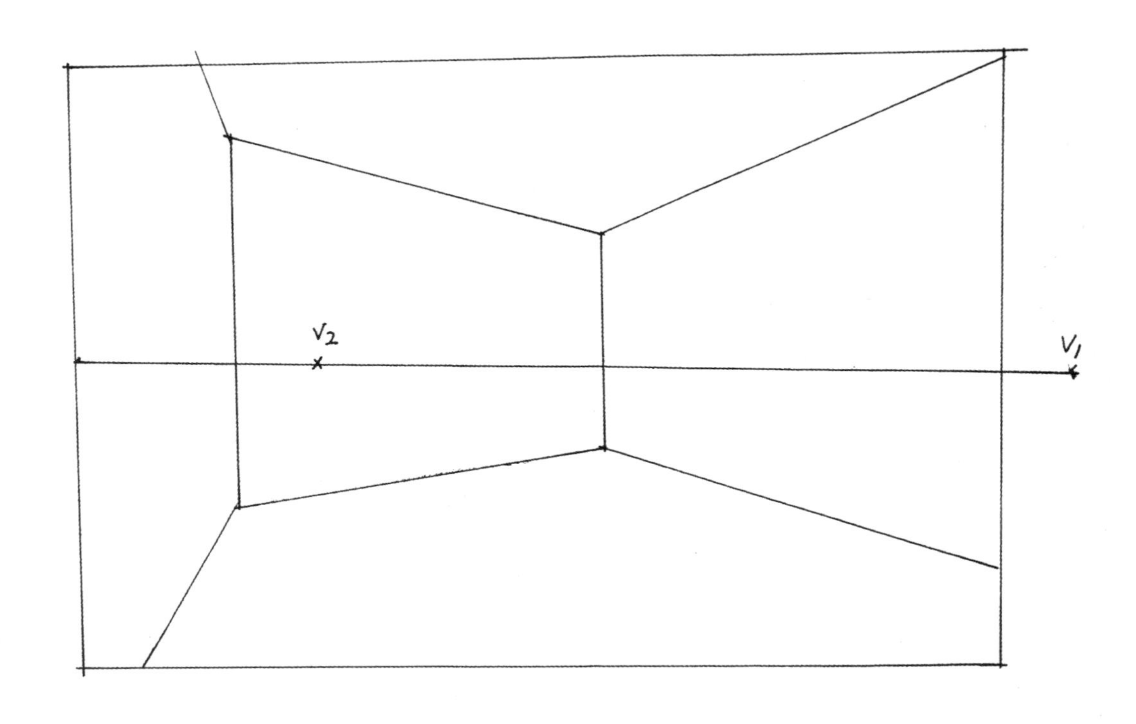

图2-34 定内墙与墙线

（1）定内墙

在一点斜透视中，位于中间位置的既不是一点透视中方方正正的内框，也不是两点透视中的中线，而是一个具有透视关系的梯形，这个梯形可以称为内墙，图中的内墙即为窗户面的墙体。画内墙时先确定家居空间的中线，高度在整个画面高度的1/3左右，然后在水平方向确定视平线，高度参考一点透视。确定视平线后，选择第一个消失点在纸面外，由消失点和中线确定梯形，在另一侧距纸边部一定距离处收紧内墙。

（2）找第二个消失点

第二个消失点的位置尽量选择边部，而不是出现在正中间。出现在正中间的画面会与一点透视过于接近，在进行两点透视刻画家具时，过于刻板，不够自然。因此，第二个消失点通常选择第一个消失点的反向，在内墙的1/4~1/3处。

（3）画墙线

由第二个消失点连接内墙的四个点，构成家居空间的天棚与墙面、地面与墙面间的交接线，如图2-34所示。

（4）确定家具位置

家具的基本位置即家具在空间中摆放的位置，也是家具产品的正投影图，按照卧室空间的家具位置，由两个消失点确定平面图，如图2-35所示。

（5）画家具方体

按照两点透视的消失点，以视平线作为参考，确定家具方体的高度。将家具以两点透视的体块形式表现出来。注意表现出家具的前后、遮挡的关系，如图2-36所示。

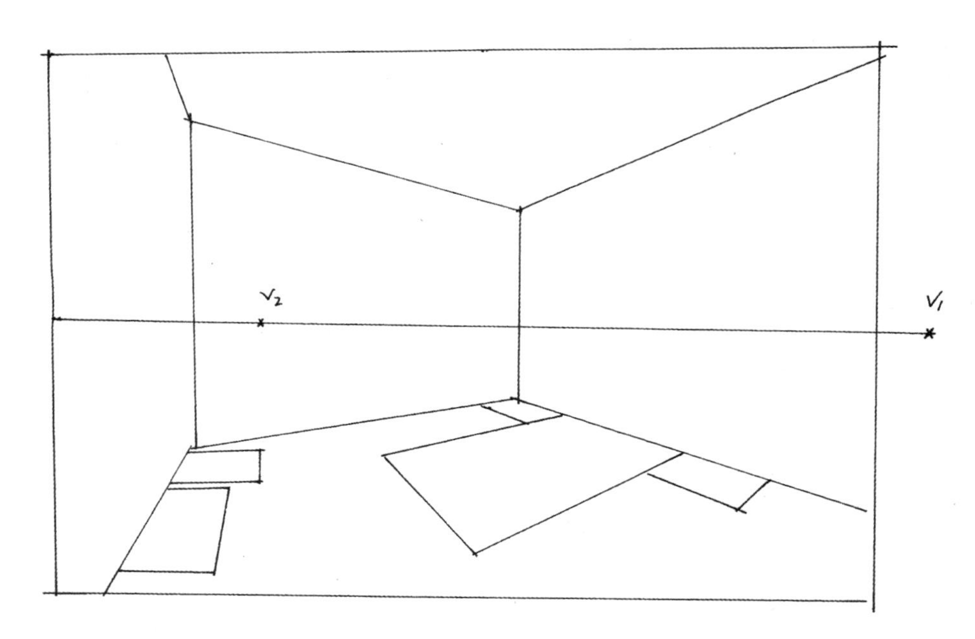

图2-35　确定家具位置

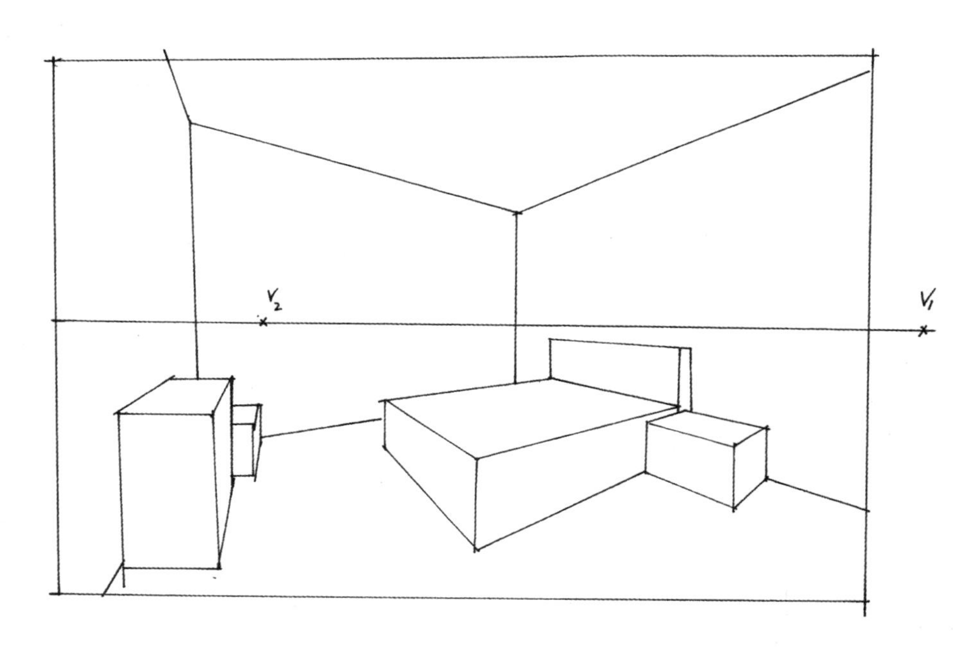

图2-36　画家具方体

（6）刻画家居细节

刻画家具细节，在透视方体的基础上刻画家具产品的细节，表现出产品的材质、形体特征和肌理效果。完成家具等产品细节刻画后，布置家居空间的硬装材质，天棚、地面和墙面装饰效果，表现出各个家居产品之间的光影、前后和遮挡关系，如图2-37所示。

2. 一点斜透视客厅空间

绘制一点斜透视手绘效果图，结合一点透视与两点透视的效果图表现，可以简化为六个基本步骤：定内墙—找第二个消失点—画墙线—确定家具位置—画家具方体—刻画家居细节。绘制如图2-38所示客厅空间。

（1）定内墙

内墙先确定中线，高度在整个画面高度的1/3左右，然后在水平方向确定视平线，高度参考一点透视。再选择第一个消失点在纸面外，由消失点和中线确定梯形内墙，在另一侧距纸边部一定距离处收紧内墙。

（2）找第二个消失点

第二个消失点，选择第一个消失点反向，在内墙的1/4~1/3处。

（3）画墙线

由第二个消失点连接内墙的四个点，构成家居空间的天棚与墙面、地面与墙面间的交接线，如图2-39所示。

（4）确定家具位置

家具的基本位置即家具在空间中摆

图2-37　刻画家居细节

图2-38　客厅空间

放的位置，也是家具产品的正投影图，按照卧室空间的家具的位置，由两个消失点确定平面图，如图2-40所示。

（5）画家具方体

按照两点透视的消失点，以视平线作为参考，确定家具方体的高度。将家具以两点透视的体块形式表现出来，注意表现出家具的前后、遮挡的关系，如图2-41所示。

（6）刻画家居细节

刻画家居细节，表现空间的硬装材质，天棚、地面和墙面装饰效果，表现出各个家居产品之间的光影、前后和遮挡关系，如图2-42所示。

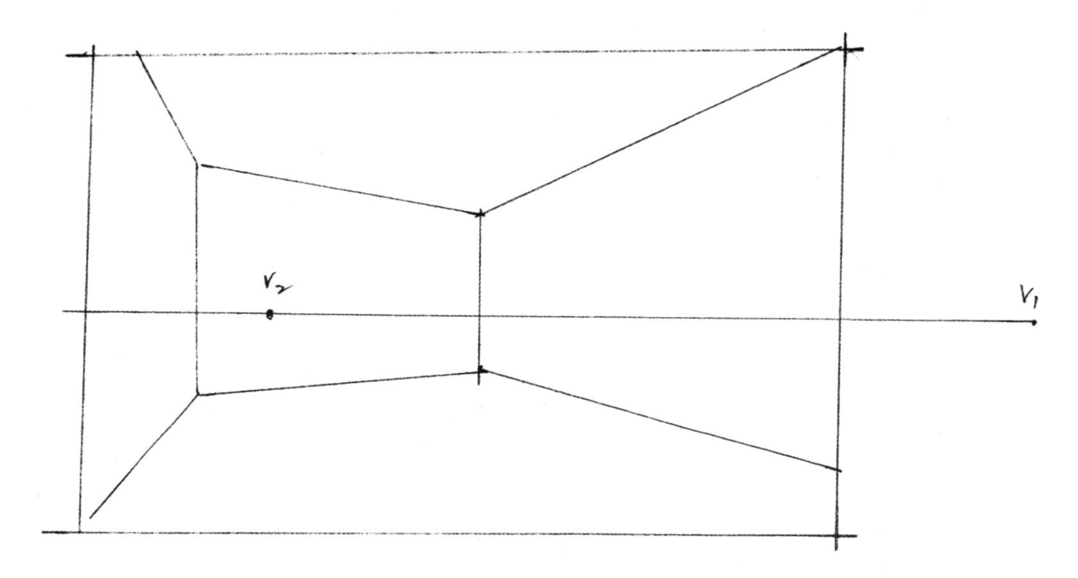

图2-39　定内墙与墙线

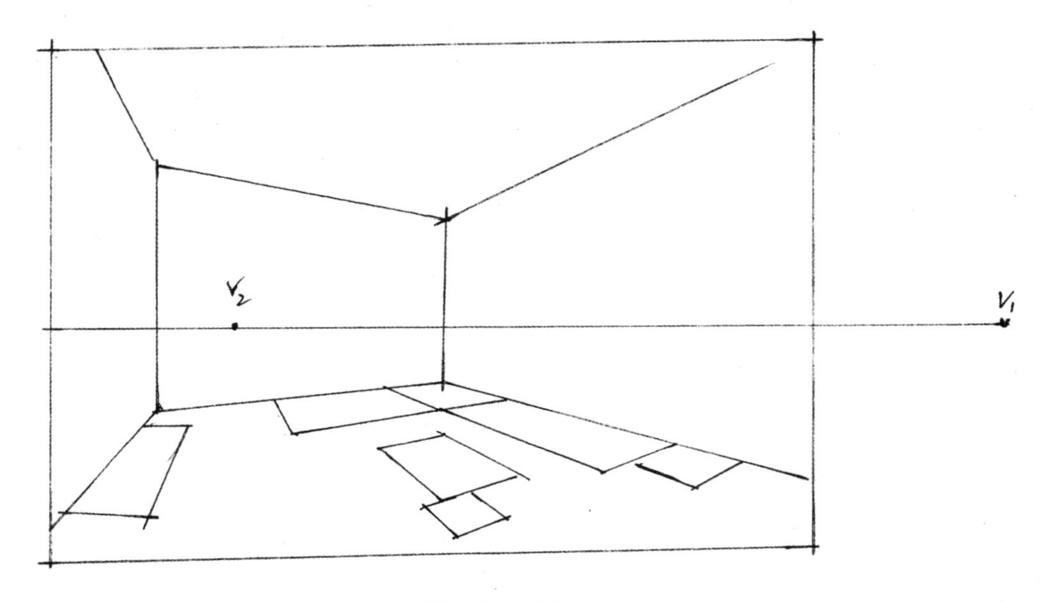

图2-40　确定家具位置

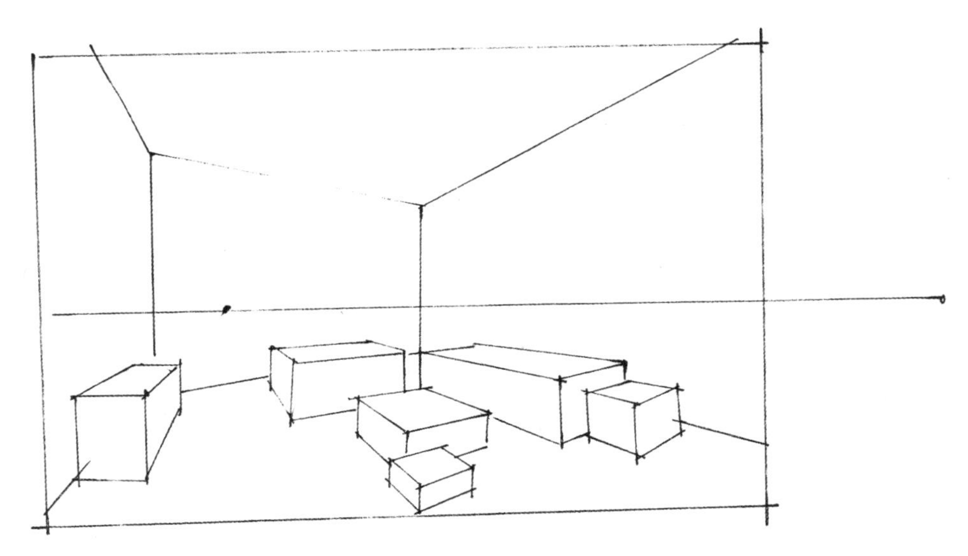

图2-41　画家具方体

图2-42　刻画家居细节

三、一点斜透视图范例

在一点斜透视中，要确定好家居空间中内墙的位置、大小和视平线的高度。其中两个消失点在视平线上，内墙和墙线的画法具有一点透视特征，家居空间和家具产品参考两点透视绘制。范例图如图2-43和图2-44所示。

图2-43 卧室范例（1）

图2-44 卧室范例（2）

本章小结

绘制家居空间，可以将室内空间作为一个完整的系统，从整体入手，选择适合的视角进行绘制。若要突出空间层次感与进深感，则选择一点透视；若要多表现空间家居细节和角度，则选择两点透视；若既要空间感又要灵活展现空间，则选择一点斜透视。再处理好整体与局部的关系，就会有很好的表现。

第三章 家居空间色彩表现

第一节 着色常用工具

1. 马克笔

在家居空间效果图表现过程中，马克笔是最重要的工具，具有上色快、颜色多、色彩效果明显的特点。比彩铅色彩清透，又比水彩笔颜色表现力强。在家居空间效果图表达的过程中，常用的马克笔主要分为油性和酒精性两种。油性马克笔遮盖力强，但味道较重，酒精马克笔色彩清透，颜色种类丰富，如图3-1所示。

在练习阶段，可以选用价格相对便宜的酒精性马克笔，色彩上多以家居用色为主，木色系和灰色系色彩是重点，不要选择过多艳丽的颜色，防止最后的家居空间色彩过于鲜艳、明亮。

马克笔的头通常有宽和细两种，上色过程中要能够运用宽头和细头的搭配，要能够用笔表现出宽、细、极细的粗细变化。绘制时可以转换笔尖的角度和倾斜程度画出粗细不同的线条，用笔的轻重也会表现出不同的笔触效果，要能够熟练运用来表现家居空间。马克笔使用过程中要能够运用同一支笔表现出色彩的变化，也能够用同色系表现出深浅的变化。

2. 彩色铅笔

彩色铅笔，也称为彩铅，在家居空间手绘表现中起到重要的色彩装饰作用。彩铅可以应用在概念方案设计中的草图绘制阶段，也可以应用在成品效果图表现阶段，色彩种类也比较丰富，使用方便，特别是水性彩铅，具有可擦的性质，这是马克笔不具有的特性。但彩铅的色彩遮盖力不强，上色过程不如马克笔方便快捷。在手绘效果快速表现的过程中，不建议单纯选择彩铅上色，可以选择马克笔与彩铅同用，使家居空间色彩丰富，色彩过渡自然。彩铅色彩效果如图3-2所示。

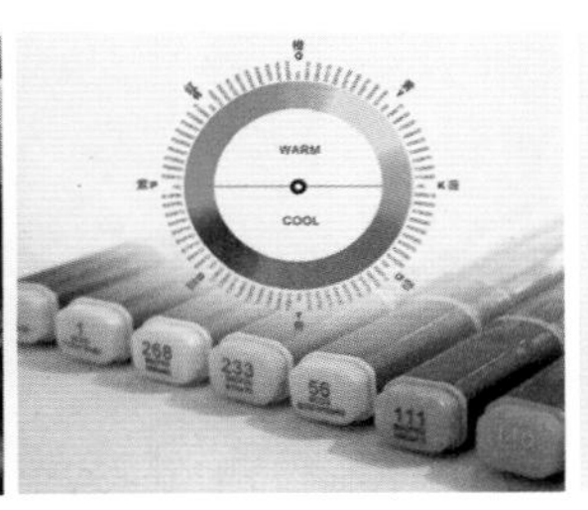

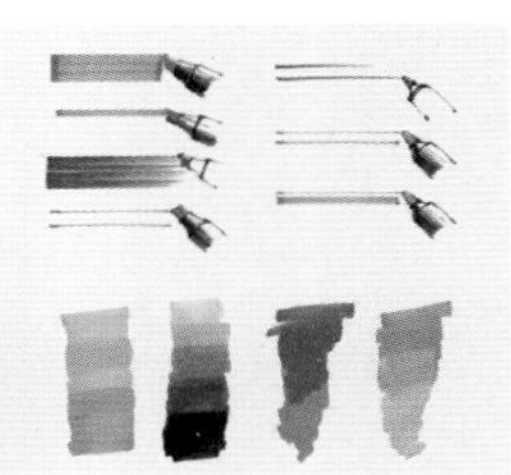

图3-1　马克笔

图3-2　彩铅

图3-3　水彩

（a）金漆笔、银漆笔

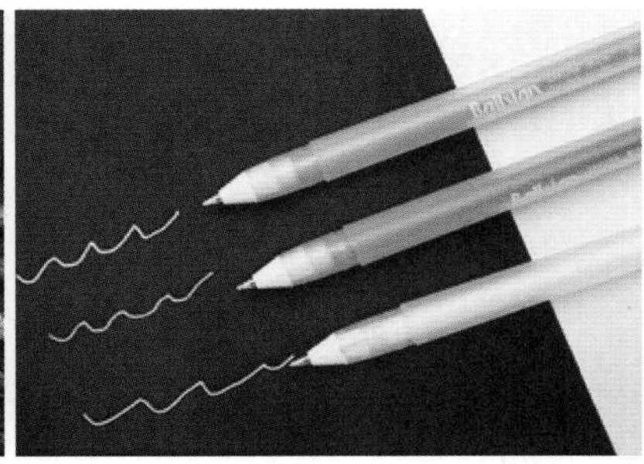

（b）高光笔

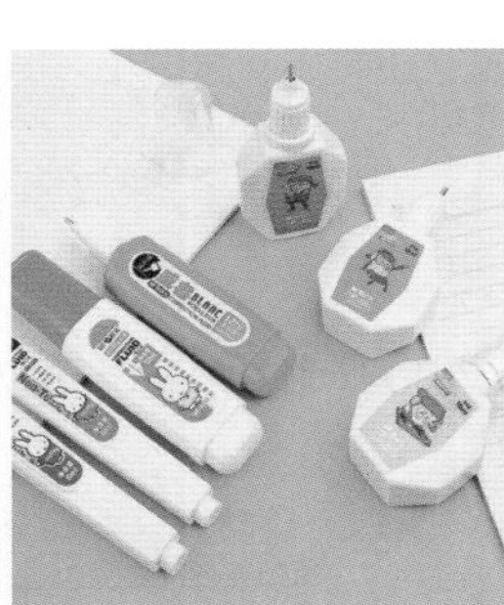

（c）涂改液

图3-4　其他工具

3．水彩颜料

水彩也是手绘表现中具有代表性的颜料，水彩效果图的层次感极强，颜料与水溶解，施于纸上，具有晶莹透明的效果，能够根据需要调整颜料的遮盖效果，如图3-3所示。水彩缺点是既不方便携带，绘制的过程中也不利于保持纸面干净整洁的效果。

4．其他工具

除了上述工具以外，还包括修饰、修改和高亮工具等，常见的修饰工具有油漆笔、高光笔、涂改液等，能够根据自己的画面效果选择适当的工具，进行家居空间效果图的装饰和修饰，如图3-4所示。

第二节　体块的色彩表现

1．马克笔用色技巧

使用色彩工具进行上色的过程中要能够注意以下几点：

① 上色要能够根据物体的形体进行，按照形体来分布色彩。

② 上色的过程要能够具有概括性，在家居空间上色的过程中表现出整体的色彩感觉，不要涂满，以免失

去呼吸感。

③ 要能够注意笔触的走向、排列和秩序，色彩的美感，特别是马克笔，切忌不可零乱无序。

④ 物体颜色的表现要能够结合形体之间的主次和区别，颜色要能够有过渡变化，避免呆板和沉闷的效果。

⑤ 避免选用过亮的色彩作为主体色和大面积用色。亮色多为点缀用色，画面色调以中性色和灰色为主，进行变化，再辅以亮色点缀，表现出最丰富的效果。

⑥ 色彩选用的过程中，避免均为灰色，使整个画面过于扁平化，要能够表现出物体黑、白、灰的基本关系，使家居空间的色彩自然。

在选择马克笔上色的过程中要注意笔触的表达。以直线上色为主，家居空间和家居产品的表现能够具有质感。

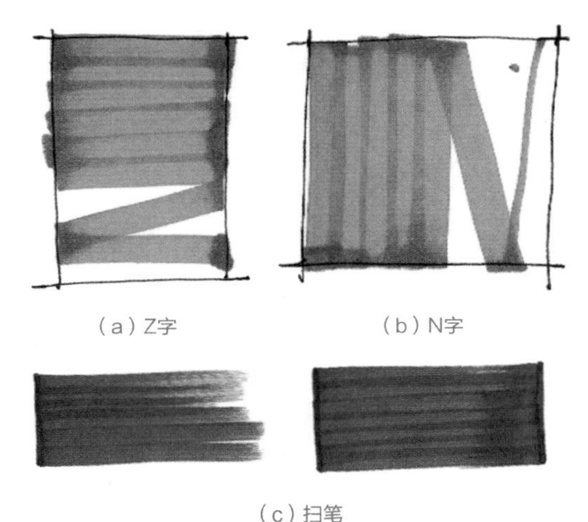

（a）Z字　（b）N字

（c）扫笔

图3-5　排笔

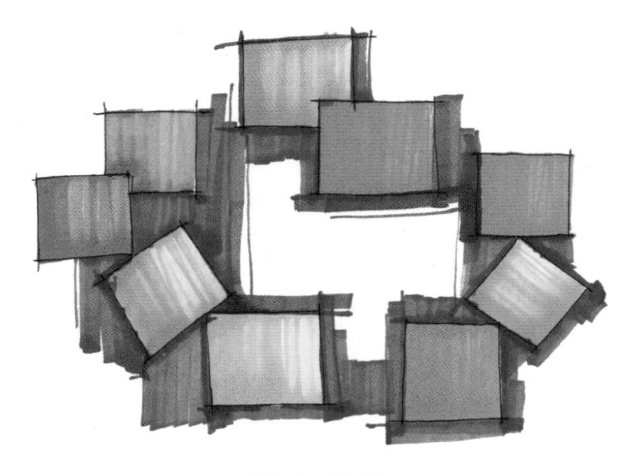

图3-6　色彩练习

直线运笔较难把握，需要多加练习。练习过程中注意起笔和收笔力度要均匀，可以按照写一字的形式下笔。

排笔

排笔的过程中要能够使画笔的力度均匀，色彩稳定。通常在进行上色的过程中，可以采用横向写Z字或竖向写N的形式进行排笔，铺满需要上色的部位。也可以采用扫笔的形式，扫笔画体块过程中要使尾部整齐，然后可反向扫笔填满体块，如图3-5所示。

马克笔色彩练习如图3-6所示。色彩练习的过程中可以选用家居中不常用到的色彩，多以鲜艳的亮色为主进行色彩练习。

2．体块色彩表现

在用马克笔表现几何体块的过程中，要能够表现出几何形体的明暗关系，方便对家具和家居空间进行马克笔上色。体块上色的过程中要能够用马克笔表现出颜色的轻重和笔触次数的叠加效果，几何形体按照透视效果显出受光面、反光面、暗面和阴影效果，体块与体块之间注意光影和投影的变化。

马克笔单体上色练习时，受光面可以适当留白，以表现明暗面的强烈对比，投影和光影的关系要清晰明确，可做适当变化处理，使得画面不会呆板。画时可采用同色系的马克笔表现轻、重、暗的效果，也可以采用单色马克笔与灰色叠加使用的效果。体块上色效果如图3-7和图3-8所示。

同色系的马克笔在进行体块色彩表现的过程中，可以使上色效果更加自然，色彩过渡也干净、清晰，可以用于表现光晕效果和窗帘等家居产品，如图3-9至图3-11所示。

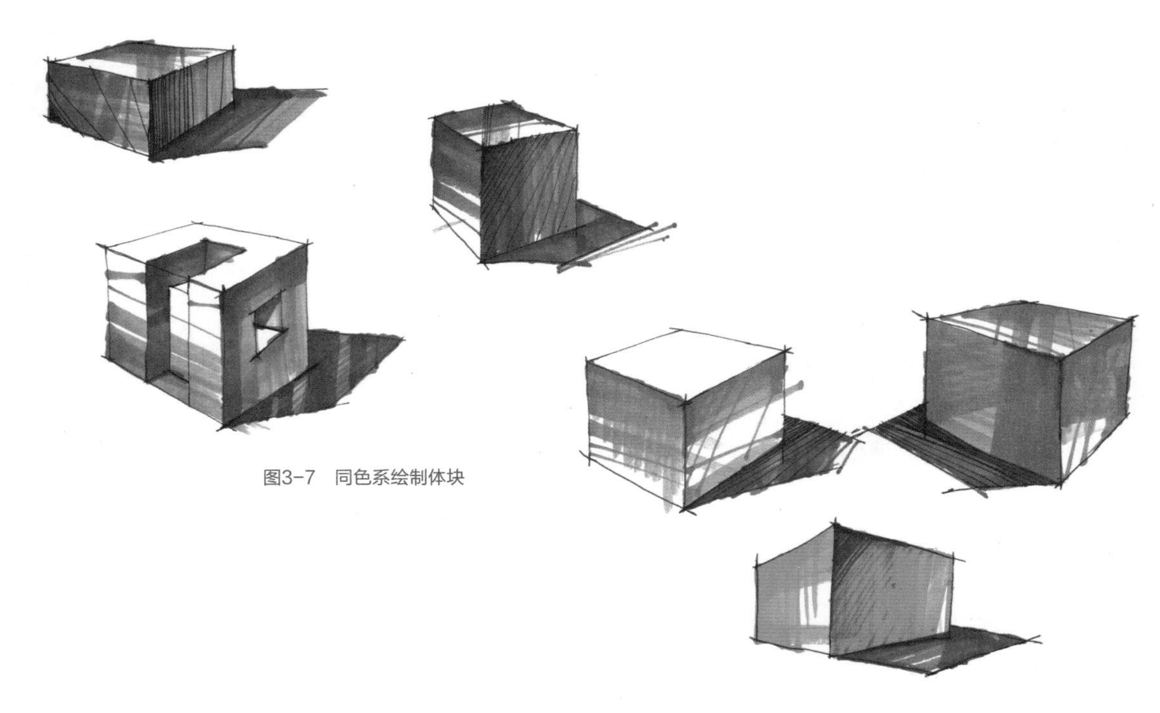

图3-7　同色系绘制体块

图3-8　单色叠加与灰色绘制体块

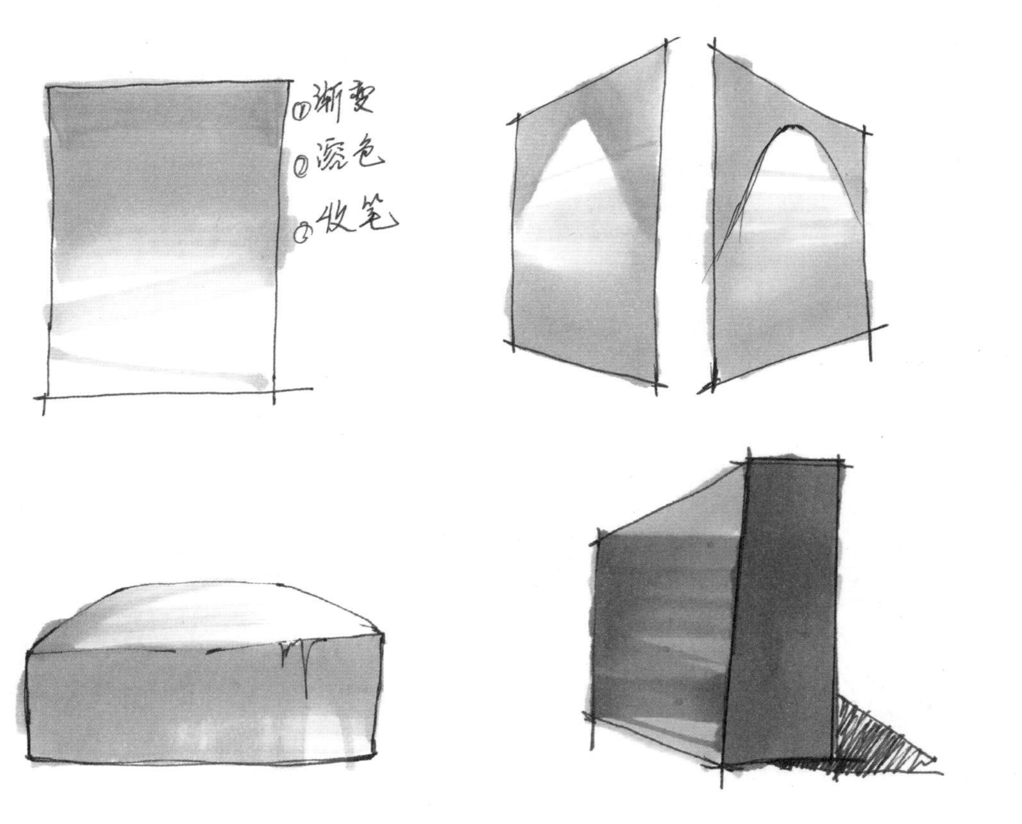

图3-9　光晕效果与体块表现

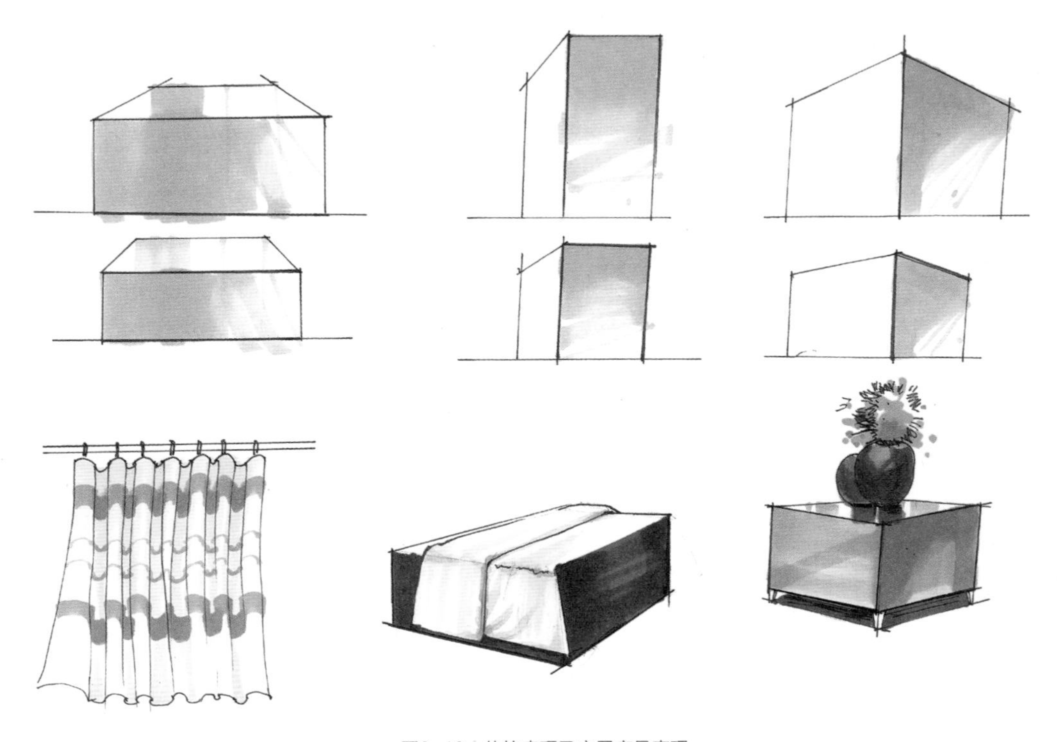

图3-10　体块表现及家居产品表现

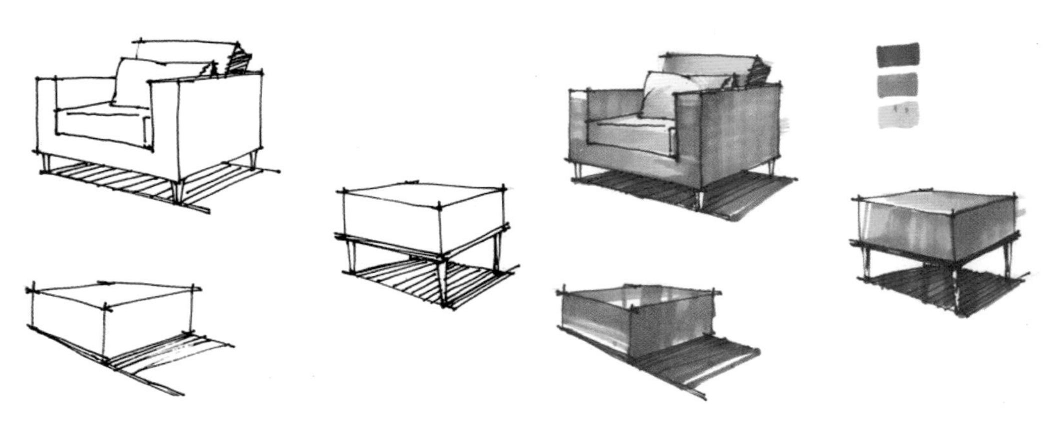

图3-11　体块表现及家具表现

第三节　材质的色彩表现

1. 金属与玻璃

金属材质在表现的过程中，用马克笔表现是采用灰色为主。上色的过程中，先浅色后深色，再用高光笔进行提亮，表现材质的受光面和镜面的金属。马克笔用笔时，笔触干脆利落，清晰整洁，如图3-12所示。表现亚光金属时，可在表面加彩铅或绘制时笔速放慢。

镜面材质在表现的过程中注意反光效果，绘制的过程中通常要表现出反光的特性。镜面材质可以应用到装饰墙面、电视、玻璃窗等部分。画时注意表现环境色彩和环境效果，如图3-13所示。

2. 石材与陶瓷

石材是家居空间中重要的硬装材质，在家居空间中会大量使用抛光大理石、瓷砖等。地面材质需要表现出表面光滑、质地坚硬的效果，画时可用浅灰色系马克笔做底色，深色系马克笔或墨线笔做大理石表面纹理，如图3-14所示。瓷砖在表现的过程中，可以参考大理石材质，不做表面色彩纹理。

砖石材质在表现的过程中，主要材质色彩上选择红砖或青砖两种色系的砖石，表现的过程中注意不要使砖石的色彩过于均一稳定，可以采用几块砖石上色，缝隙间采用重色填缝或高光填缝。红砖效果如图3-15所示。

陶瓷马赛克在色彩表现的过程中采用浅色系做底色，然后用鲜艳色彩作为装饰色彩进行装饰，最后可用高光进行填缝装饰，表现效果如图3-16所示。装饰的过程中要注意装饰色彩以无规律为主，色彩效果比较明显为宜。

3. 木材与藤材

在家居空间中，木材纹理以弦向纹理和径向纹理为主，表现出木材的山水纹理或平行纹理。木材的色彩有深浅之分，表现出木材材质的纹理和色泽效果，对于亮光的木材装饰可用高光笔装饰木材效果。木纹的装饰效果如图3-17所示。

木材上色

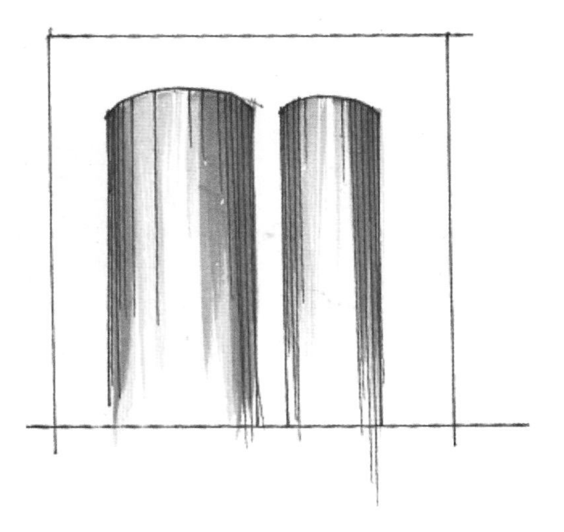

图3-12　金属材质

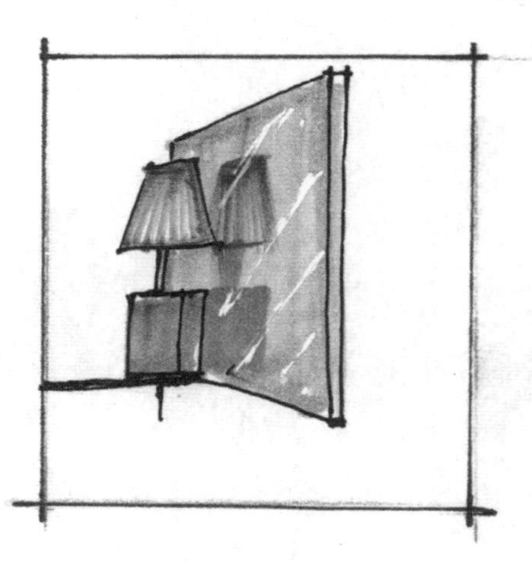

图3-13　镜面材质

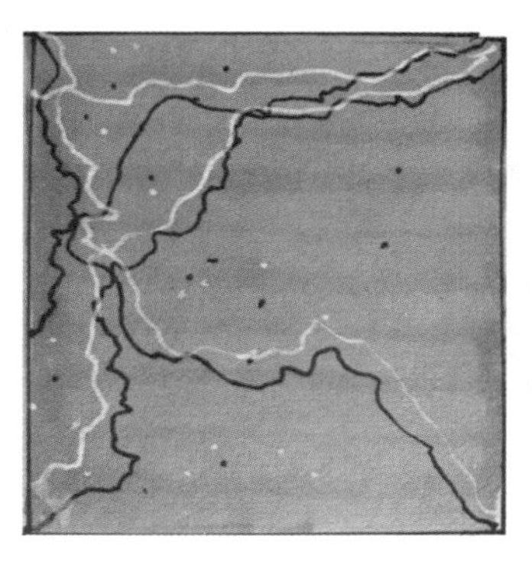

图3-14 大理石材质

图3-15 砖石材质

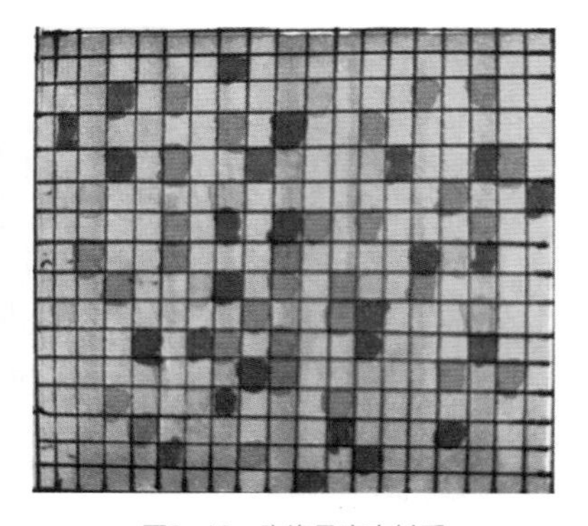

图3-16 陶瓷马赛克材质

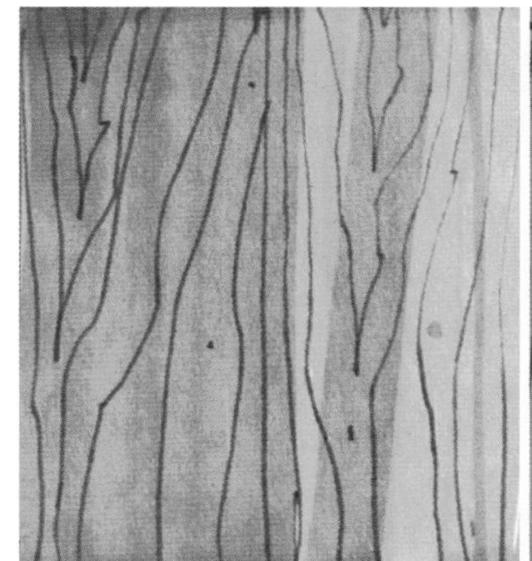

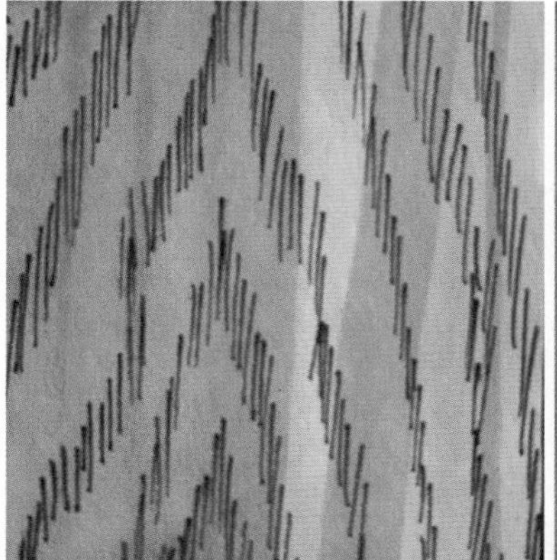

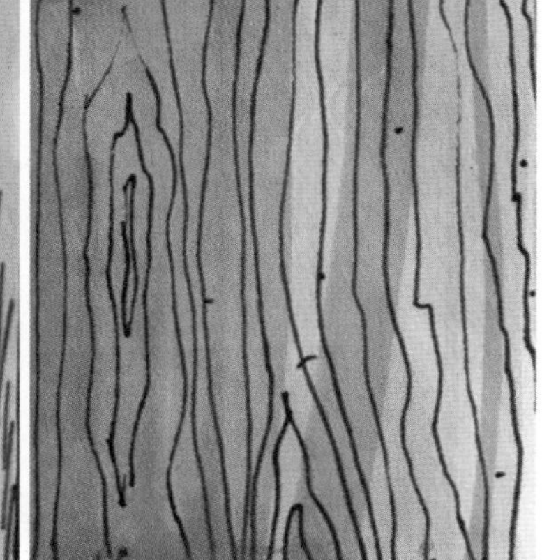

图3-17 木纹装饰效果

藤材在表现的过程中，要注意表现出色彩的装饰效果。要能够表现出藤材与光影的关系，注意色彩疏密的表达，如图3-18所示。在家居空间中，木质格栅的色彩表现，可以结合木材和藤材的表现效果，选择浅色为底色，木质色彩表现格栅，注意高光和暗面的表现，如图3-19所示。

在家居空间中，木质材料广泛应用在家居装饰和家具之中，在产品表现时，还需要结合木质材料所处的环境以表现装饰效果，如图3-20和图3-21所示。

4. 布艺材质

布艺材质在家居空间中种类较多，地毯、窗帘、桌布、床单、抱枕等。在色彩表现的过程中要表现出布艺柔软的质地和明快的色彩。家具的软包材质可采用画C字的形式表现，用高光表现装饰效果，如图3-22(a)所示。在色彩表现的过程中要能够表现出窗帘出现褶皱后亮面与暗面的色彩变化，装饰效果如图3-22（b）所示。地毯材质在表现的过程中注意表现出绒毛质感，如图3-22（c）所示。

5. 花品的色彩表达

花品在表现的过程中按绿植和花艺进行绘制。绿植多为盆栽的观赏植物，表现时用植物色系的马克笔直接上色，上色的过程中注意笔触随植物的变化和穿插而变化，同时要能够表现出植物的大致节奏和方向性，要表现出叶的自然形态，枝繁叶茂的效果，并表现出植物间的层次感。花艺在表现的过程中除了要表现出枝叶的效果外，也需要表现出花的效果，对比色不要过于强烈。花品如图3-23所示。

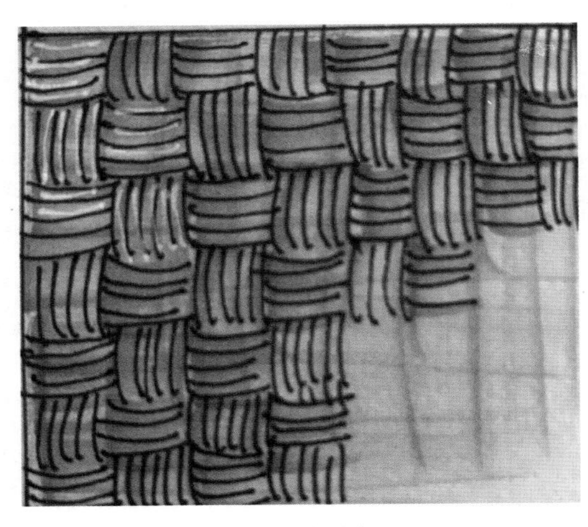

图3-18 藤材效果

图3-19 木质格栅

图3-20 木质装饰

图3-21　木质家具

（a）软包　　（b）窗帘　　（c）地毯

图3-22　布艺材质

图3-23　花品的色彩效果

第四节　软装产品的色彩表现

1. 家居产品单体表现

在进行家居产品色彩练习的过程中，可以先进行家居单体的色彩练习，上色过程中注意表现出家具的受光面、暗面和阴影部分，注意光源的位置，家具表面光效果和影子的关系，如图3-24至图3-28所示。

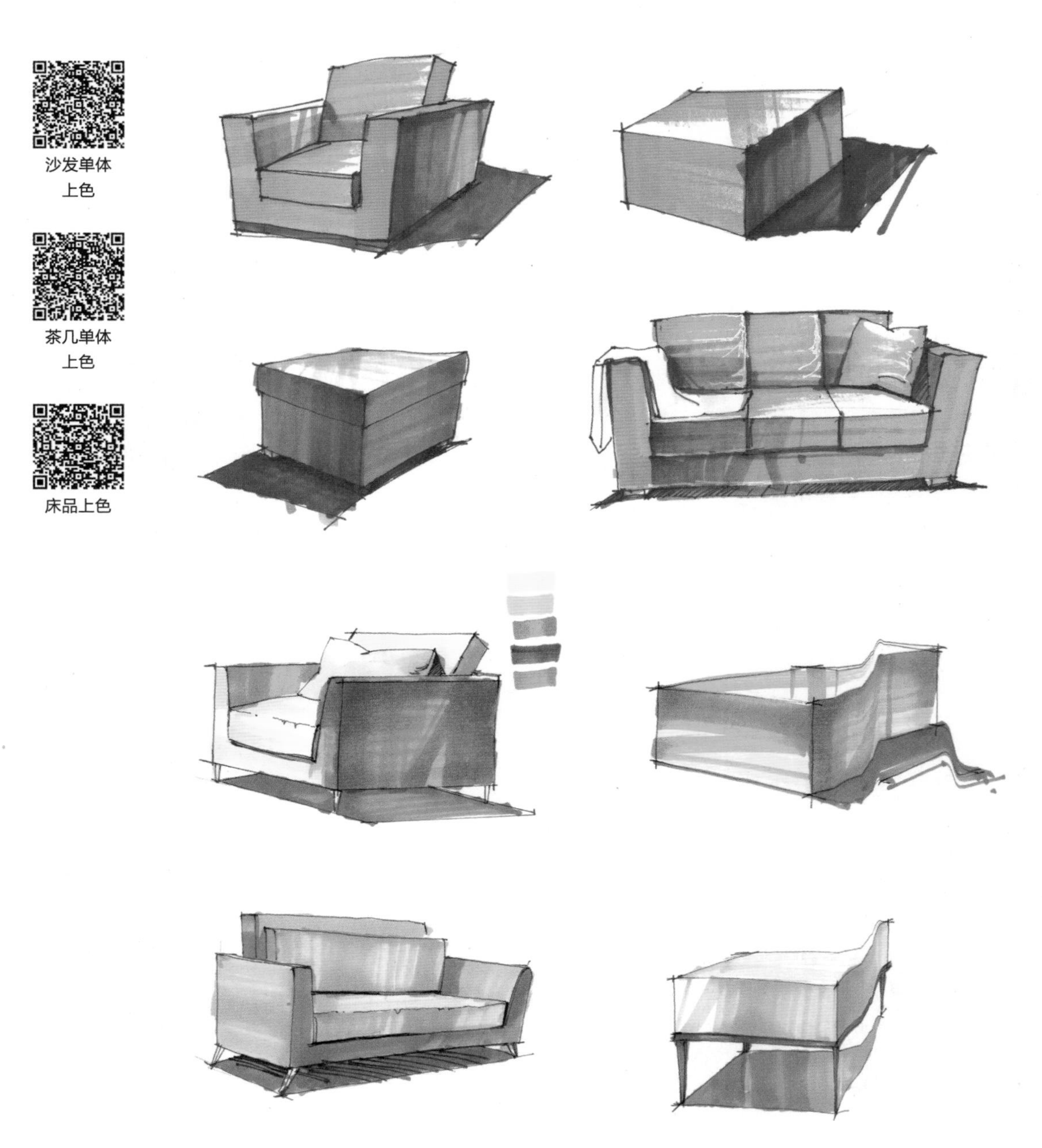

图3-24　体块坐具单体表现

图3-25　椅类单体表现

图3-26　沙发椅表现

图3-27　沙发

图3-28　家具单体

饰品在进行上色的过程中既要表现出基本的光影关系，同时要注意饰品在家居空间中起到的装饰作用。饰品的色彩要能够起到装饰的效果，以明亮色为主，起到画龙点睛的作用，如图3-29所示。

在家居空间中，床品的表现较为复杂，通常不会单独展示床的效果，而是将被品、抱枕等布艺与床相结合。在进行色彩效果表达的过程中，要能够表现出床品的光源与阴影关系，抱枕与抱枕之间的遮挡关系和阴影关系也需要表达出来，如图3-30所示单色表现床的色彩关系，以及如图3-31所示多种颜色表现床的色彩关系。

2. 家居产品组合表现

为了培养家居产品搭配的设计感以及在家居空间中的场景感，需要进行家居产品的组合训练，画时要保证家居单体造

图3-29　饰品效果

图3-30　单色表现床的效果

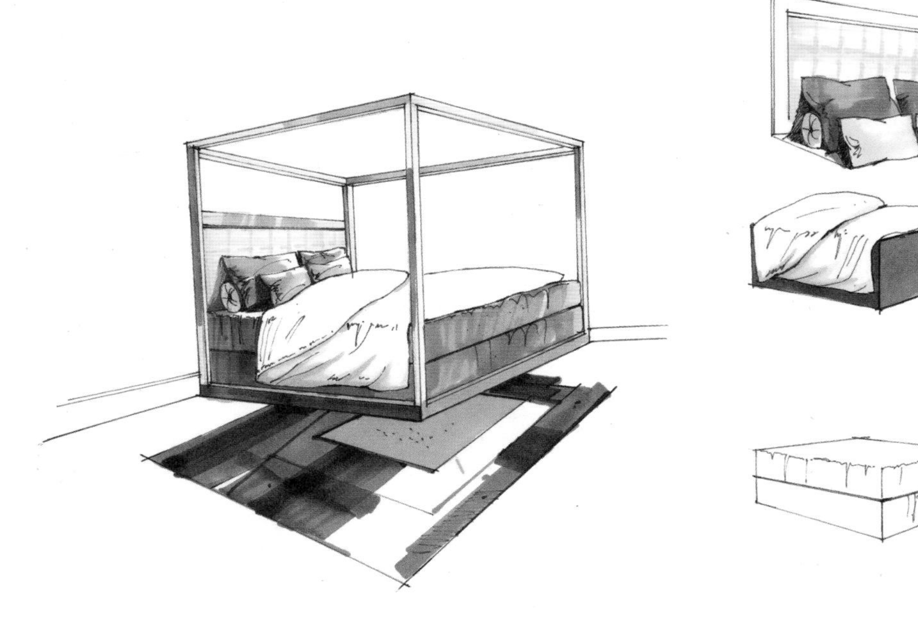

沙发与茶几
组合上色

图3-31　多色表现床的效果

图3-32　沙发与小几展示

型准确，组合要有透视感，注意对组合中的产品进行虚实处理。色彩搭配的过程中，家具与家具之间以及与环境之间能够搭配协调。

以客厅空间为例，对沙发与小几的组合进行展示，在进行上色过程中要明确家具与家具之间的关系，如图3-32所示为同一沙发不同角度造型表现范例。

在家居空间中，沙发、茶几为重要的客厅陈设，在进行客厅空间装饰的构成中，也会运用单人座椅与小几进行搭配，用于装饰客厅空间、休闲阳台等处，画时注意座椅与小几之间的高度关系，上色的过程中要注意色彩之间的搭配关系和光影关系，如图3-33所示。

在家居空间中，对于桌与柜类的展示，在进行上色的过程中要能够对其色彩进行展示，注意家具与装饰物品之间的色彩要和谐，避免装饰产品与柜体色彩融合在一起。边柜如图3-34所示，餐桌与餐椅展示如

图3-35和图3-36所示。

在产品组合色彩训练的过程中，要能够结合风格类型、装饰和色彩特征对家居空间进行练习，能够利用灯具、布艺织物、陈设饰件、配饰植物及配饰小品等对家居组合进行装饰，起到调节画面、烘托氛围作用的同时，也为家居空间设计进行积累。在对产品进行着色时，要使家具的状态保持轻松自然，不必拘谨，能够表现出家具的色彩特征、光影关系和前后关系等。

图3-33 单人座椅与小几展示

图3-34 边柜

图3-35 餐桌与餐椅（1）

陈设组合上色练习中，要注意画面的整体色调，利用如抱枕、布艺等局部产品进行色彩装饰调节，再用冷色对整幅画面进行局部调色，如阴影部分，冷色加重，使画面能够达到色彩协调，如图3-37至图3-39所示。

两点透视的客厅陈设组合，在进行上色的过程中要使视觉中心突出，再进行虚实与冷暖对比，使画面具有层次感，如图3-40至图3-42所示。

卧室空间产品以床与床头柜为主，在进行上色表现的过程中注意区分同类或相类似的物体，前后、虚实以及在环境中的投影关系等细节。能够利用软装饰品进行家居空间文化氛围的营造，表现出空间的质感。卧室空间产品组合如图3-43至图3-45所示。

图3-36　餐桌与餐椅（2）

图3-37　沙发与茶几产品组合（1）

图3-38　沙发与茶几产品组合（2）

图3-39　沙发与茶几产品组合（3）

图3-40　沙发与茶几产品组合（4）

图3-41　沙发与茶几产品组合（5）

图3-42 客厅产品组合

图3-43 卧室产品组合（1）

图3-44　卧室产品组合（2）

图3-45　卧室产品组合（3）

第五节　家居空间手绘色彩表达

在进行家居空间色彩表达的过程中，针对马克笔的特性，上色时，可按照以下几点要求进行：

① 先浅后重：先进行家居空间的浅色上色，再对颜色深的物体进行上色。

② 先整体后局部：先对家居空间整体进行上色，确定家居空间的基本黑白关系后，再进行局部家具产品细节的描述。

③ 细节刻画与整体调整：能够在局部上色时，进行主体家具、饰品的细节刻画，再根据整体画面的效果进行色彩的调整。

1. 客厅空间色彩表达

在客厅中，家具陈设物品以沙发、茶几、电视柜、边柜等为主，再用画品、饰品等进行软装饰。在上色的过程中，要能够分清主次与虚实关系，能够表现出客厅空间的空间感，具体上色步骤如下。

步骤一：分析画面的透视关系。针对客厅空间的线稿，分析客厅空间的主次关系，表现重点以及家居产品的虚实关系，确定客厅空间的基本光源后再进行上色，线稿如图3-46所示。

步骤二：在空间线稿基础上，确定客厅空间基本的色调与冷暖关系，进行家居空间的整体着色。在本例中，采用以冷灰调先进行家居空间整体色彩的描绘，从主体家具的明暗关系入手，刻画家居空间的整体效果，如图3-47所示。

步骤三：根据客厅空间基本色调要求逐步进行家具、饰品的色彩描绘，按照从近景到远景、从主体到其他饰品的顺序进行色彩刻画，如图3-48所示。

图3-46　客厅空间线稿

图3-47　客厅空间整体色彩关系

图3-48　客厅空间基本色调

步骤四：对墙面、天花、地面等进行色彩刻画，上色时采用大笔触快速运笔，使客厅空间的大面积部分被涂满，能够具有冷暖及光影变化，注意加强空间的立体感，如图3-49所示。

步骤五：完成整体着色后，根据画面需要进行整体调整，对主要物体深入细致刻画，强调细节与画面关系。可以采用彩铅和修改液等刻画材质及亮部变化，对暗部与亮面的交接部分进行强调，如图3-50所示。

图3-49 客厅空间色彩刻画

图3-50 客厅空间细节调整

2. 别墅客厅空间色彩表达

步骤一：确定好线稿，能够对线稿进行色彩分析，确定线稿中整个空间的明暗关系，对于线稿需要调整的部分及时进行调整，能够为后续上色时明暗关系进行把握，线稿如图3-51所示。

步骤二：对家居空间进行整体上色，确定客厅空间的明暗关系，可以先从墙面开始表现，用叠加冷色的方法，把明暗关系表达出来，再将家具产品基本的明暗关系表现出来，如图3-52所示。

步骤三：对客厅空间的产品进行刻画，强调家居的色彩、明暗关系。在地毯配色方面，可以用冷色与沙发、座椅进行颜色对比，让色彩对比关系更加强烈，如图3-53所示。

步骤四：对家居中的布艺与装饰品等进行色彩装饰，使客厅空间的色彩能够平衡。冷色调作为背景色，家具产品作为主体色，形成鲜明的对比，如图3-54所示。

步骤五：在完成之前更加强调画面的主次、空间感及明暗关系，强调整幅画面的色彩平衡，如图3-55所示。

3. 卧室空间色彩表达

步骤一：分析卧室空间的基本明暗关系，在两点透视中将床作为空间的主体，线稿中能够表现出卧室空间的基本尺度、结构线条，如图3-56所示。

步骤二：确定卧室空间基本的明暗关系，运用马克笔表现卧室空间的基本明暗效果，如图3-57所示。

步骤三：确定卧室空间的基本色调，对床、地板、墙面进行上色，注意卧室空间布艺产品较多，上色过程中注意材质不同，色彩表达的重点也会有所差异，如图3-58所示。

图3-51　客厅线稿

图3-52 客厅空间基本明暗关系

图3-53 客厅空间家居主体色彩

图3-54　客厅空间色彩对比

图3-55　客厅空间效果

图3-56　卧室空间

图3-57　卧室空间明暗关系

图3-58 卧室空间主体上色

步骤四：完成卧室空间整体色彩氛围的营造，注意近实远虚的处理效果。对卧室空间饰品进行上色，区分背景色以及装饰产品的色彩，如图3-59所示。

步骤五：卧室空间修饰，运用重色和高光笔调整局部效果，加强空间氛围，明暗关系再次强调，并且表达清晰，如图3-60所示。

4. 卧室空间色彩表达范例

步骤一：对绘制完的线稿进行分析，确定一点斜透视中线稿的基本明暗关系和家具主体。在卧室空间依旧以床作为家居空间的主体，把握基本空间尺度和家具材质等。线稿如图3-61所示。

步骤二：确定卧室空间的基本明暗关系，能够运用马克笔将卧室空间中的基本明暗关系表达出来，确定好室内空间的光源效果，如图3-62所示。

步骤三：确定卧室空间的家具和其他软装饰品的色彩，如设定夜景室内灯光时，需要注意光源的位置。对于卧室空间主体家具要注意材质和装饰的表达，如图3-63所示。

步骤四：完成空间整体色彩氛围的营造，注意近实远虚的处理效果，如图3-64所示。

步骤五：运用重色和高光笔调整局部效果，加强空间氛围，强化灯光效果，如图3-65所示。

图3-59　卧室空间修整

图3-60　卧室空间效果图

图3-61　卧室空间线稿

图3-62　卧室空间明暗关系

图3-63　卧室空间主体上色

图3-64　卧室空间修整

图3-65　卧室空间效果图

本章小结

家居空间色彩表现是将配色理论应用于实践的过程，既需要在日常总结家居风格设计中经典的配色案例，并进行应用，也需要在色彩表现上勇于创新、敢于创新。能够了解不同的上色工具在色彩表现的特点，结合家居空间画面的表现选择适合的上色工具，增强家居效果图的色彩表现力。

第四章 家居空间手绘方案设计

家居空间手绘方案设计即根据设计方案需求进行从草图、平面图、立面图到效果图的表现，完整的家居空间设计过程用手绘效果表达出来。在手绘方案设计表达过程中，主要是表现出设计者的设计意图，使空间的功能、主体家具、空间色彩结构等能够满足设计要求。

第一节 家居空间手绘方案设计规划

在进行方案设计的过程中，通常根据空白户型图进行平面与立面的规划。规划过程中，能够展现出家居空间内基本的产品布置、地面、墙面等，以及在材质、色彩和装饰上的特征，再通过效果图最终呈现出来。本节在进行方案展示的过程中以平面图规划、立面图规划和家居空间效果图的形式展示家居空间手绘方案。其中，在进行平面图和立面图规划的过程中要满足以下几点：

① 平、立面规划要注意尺度：家居空间在平面和立面两个方向上空间的大小划分应尽量合理，装饰物的体量要合理，能够根据空间的大小来确定家具的尺寸。

② 平、立面图可以进行风格装饰：平、立面规划的过程中，单体家具大的框架确定后，可根据家居设计风格添加装饰元素进行装饰。

③ 家具的比例与尺寸要适宜：在家居空间中进行家具绘制时，能够把握好家具以及家居空间中软装饰品之间的比例与尺寸关系。

④ 人体尺寸与空间的比例关系：在进行平、立面图的绘制时，要充分考虑到人的使用要求，以及人在家居空间中活动过程中的空间尺度需求。

⑤ 平、立面图的绘制要能够使线条沉稳：线条沉稳、肯定，把握物体之间的比例关系，平、立面规划方案完整清晰。

1．平面图规划

平面图即建筑平面图的简称，是建筑施工中比较重要的基本图。平面图是建筑物各层的水平剖切图，假想通过一栋房屋的门窗洞口水平剖开（移走房屋的上半部分），将切面以下部分向下投影，所得的水平剖面图，就称平面图。家居空间中平面图的规划相对来说比较简单，受家居空间面积的影响，平面规划的过程中要选定合适的比例，展示家居空间的产品布置。具体规划过程以图4-1中的空白户型图为例进行平面图规划，步骤如下。

本套方案为现代简约风格，简洁、实用，具有现代时尚气息。在空间功能规划上，应具有客厅、餐厅、厨房、卧室、卫浴间、阳台等功能空间，基于此进行平面规划。

步骤一：画出室内平面图线稿。先确定图幅与比例，根据图中空白户型图的尺寸，在A3幅面，采用1:50的比例进行绘制，画出墙体中心线、定位主线及墙体厚度。画出门窗的位置，规划画出家具及其他室内设施图例，进行尺寸标注及文字说明。检查确认无误后加深平面图的线框，效果如图4-2所示。

步骤二：规划地面材质。在确定好家居空间平面图的基础上，进行地面材质的铺设。采用地砖、地板、地毯等地面装饰材料，按照空间需求，按比例画在家居空间中。通常可选择客厅等公共空间采用地砖装饰，卧室空间采用地板装饰，卫生间和厨房选择防滑地砖进行装饰。绘制效果如图4-3所示。

步骤三：在铺设好地面材质的家居空间平面布置图上，结合材质的色彩要求进行马克笔涂色，进行上色的过程中要能够使地面材质与家具进行区分，平面内的产品有层次地表现出来。上色效果如图4-4所示。

2. 立面图规划

家居空间的立面图主要表示地面的宽度和高度。在立面图规划的过程中要能够表示地面上的材质、主体家具以及造型装饰，并且标注竖向尺寸和基本高度。在立面图中按光线平行投影原理将家居空间中的东、西、南、北四个面中的一个面效果图表达出来。

通常家居空间中的立面图表现有以下四种：一是在室内平面图中标出立面索引符号，用A、B、C、D等指示符号来表示地面的指向方向；二是利用轴线位置

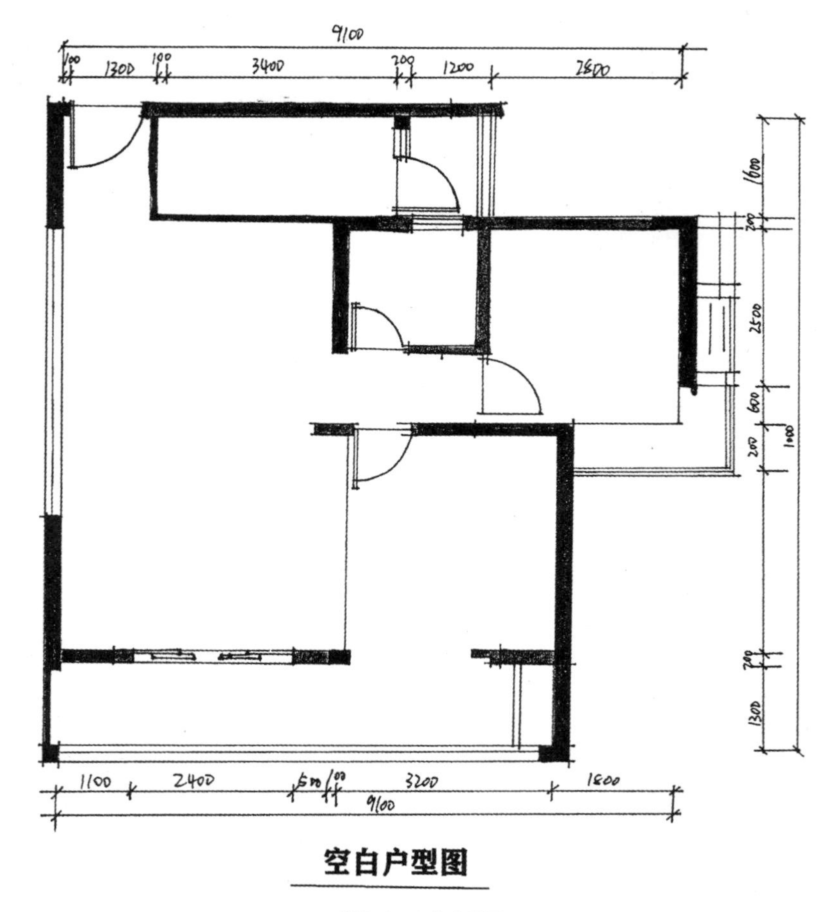

图4-1　空白户型图

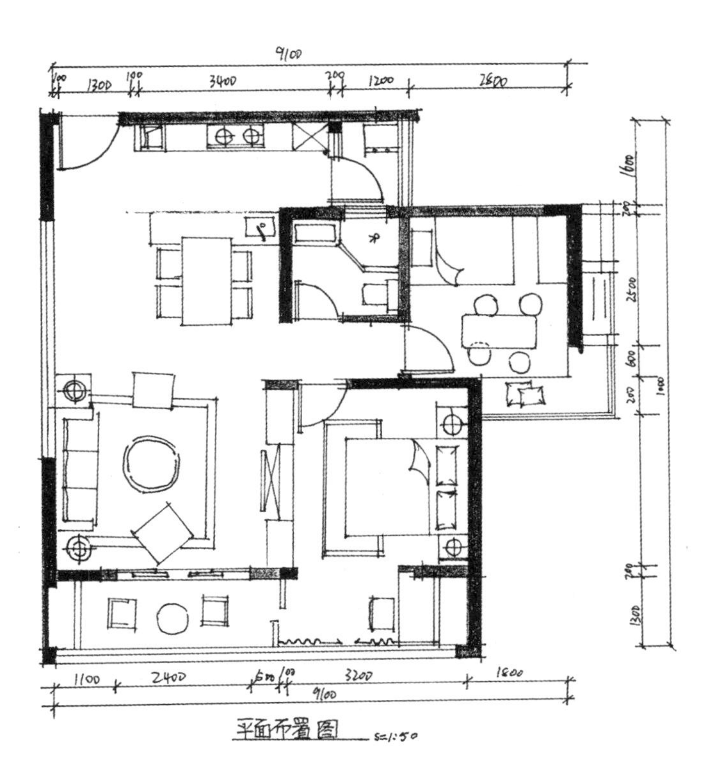

图4-2　平面布置图

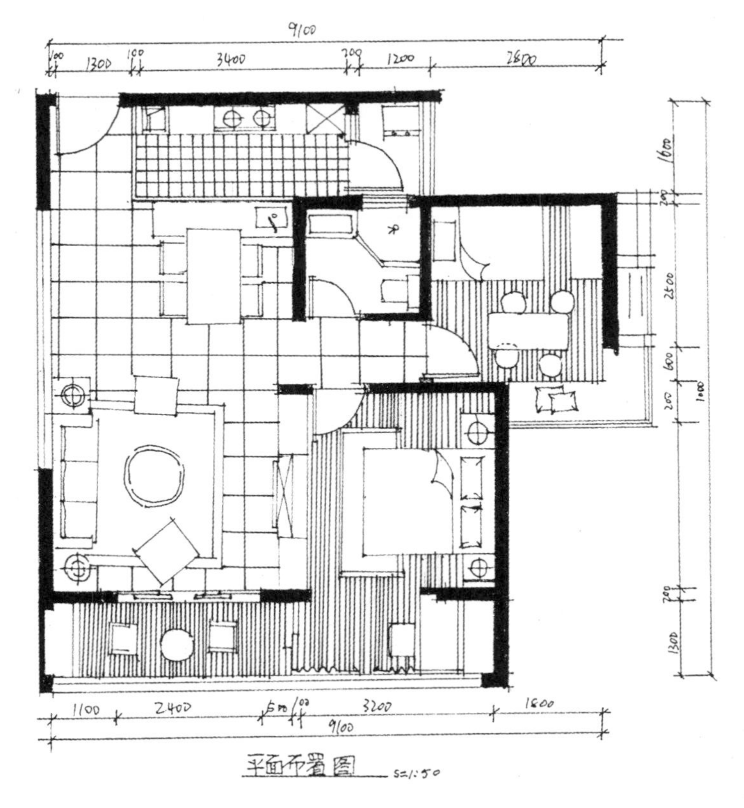

图4-3　平面布置图表现地面材质

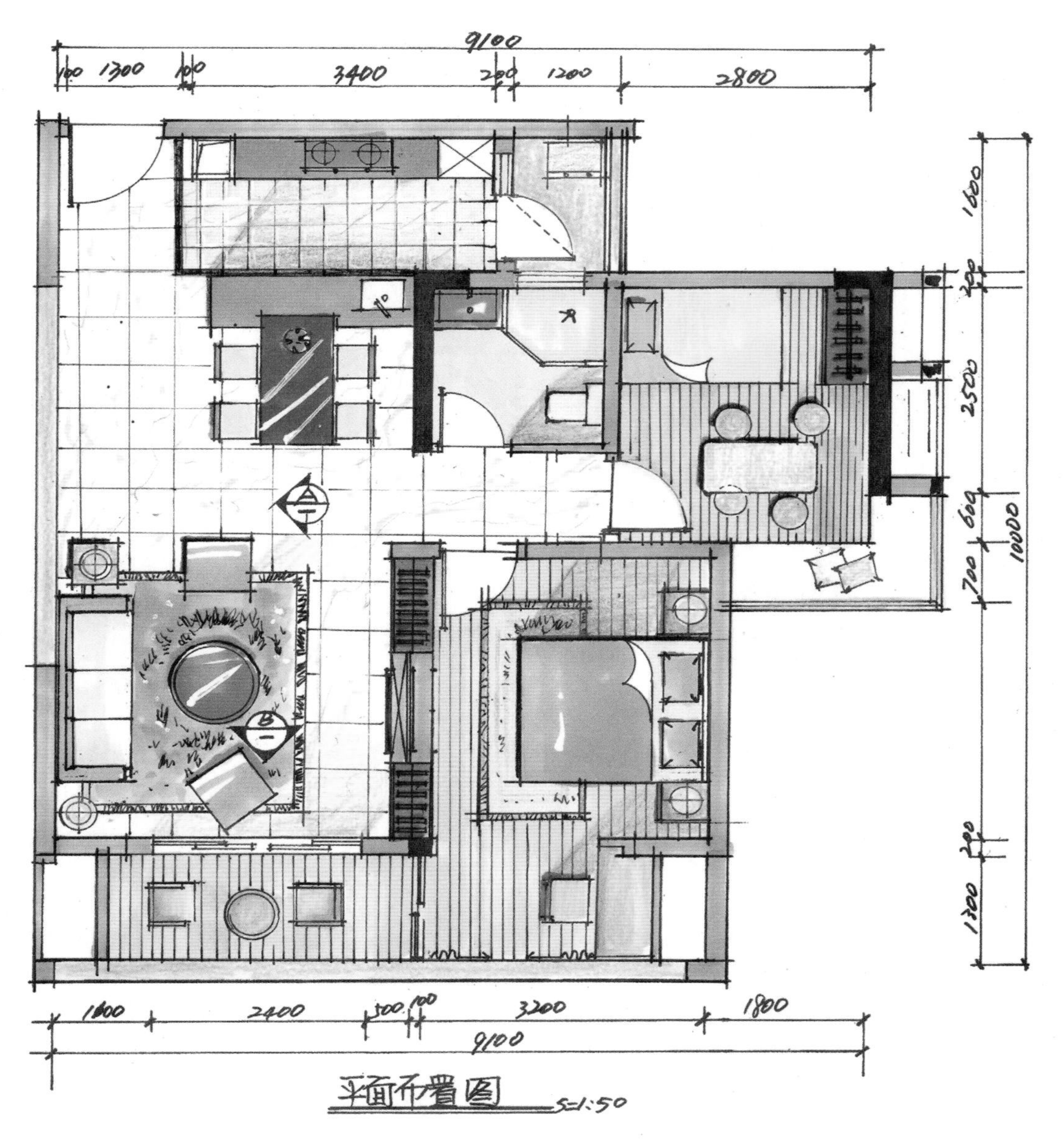

图4-4　平面布置图上色效果

表示；三是在平面设计图中标出指北针，按东、西、南、北方向表现立面；四是对于家居空间的局部立面的表达，标出物体和方位的名称，如门立面、屏风立面等。在家居空间进行立面规划的过程中，要能够体现出立面的材质和装饰效果，可适当用文字进行说明。

上述案例中的立面图展示可如图4-5和图4-6所示，分别为客厅中沙发背景墙和电视背景墙。

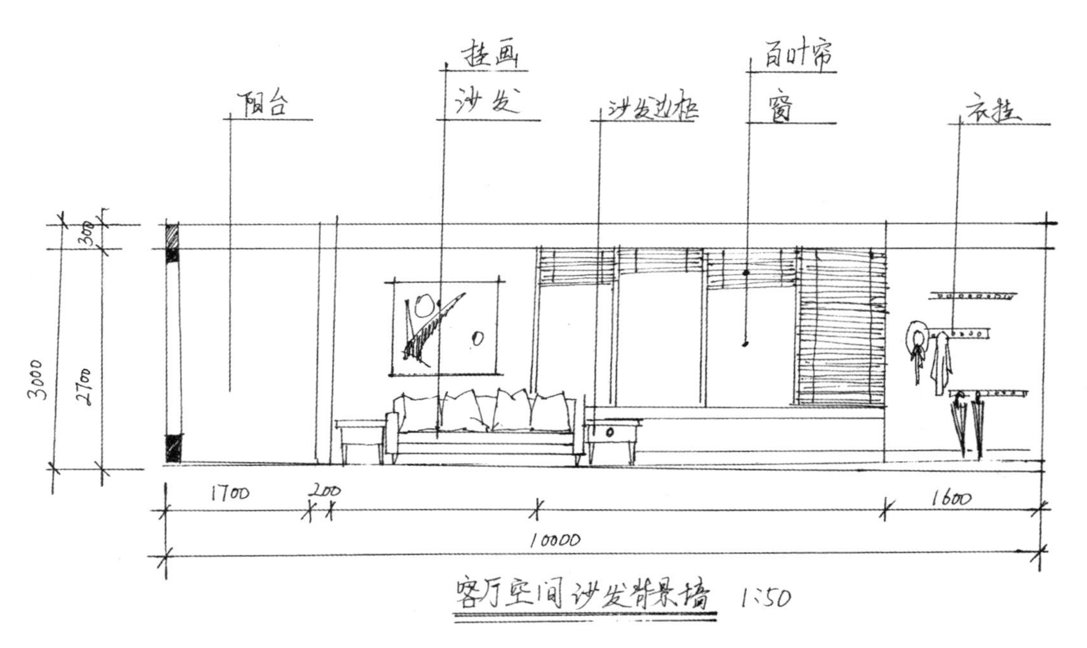

图4-5　客厅空间沙发背景墙

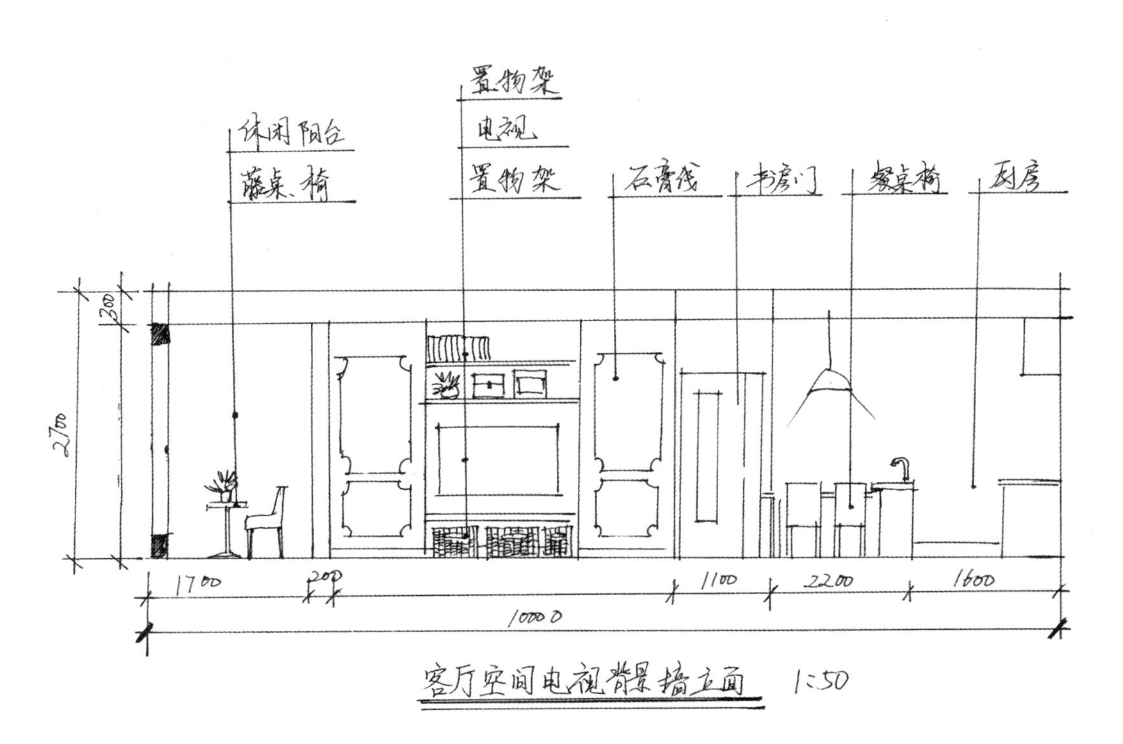

图4-6　客厅空间电视背景墙

在进行立面图上色过程中，按照平面图上色的过程进行规划，将家居空间的基本色彩给定，确定家居空间中家具、墙面、地面、天棚等装饰色彩和装饰效果，客厅沙发背景墙和电视背景墙立面的色彩装饰如图4-7和图4-8所示。

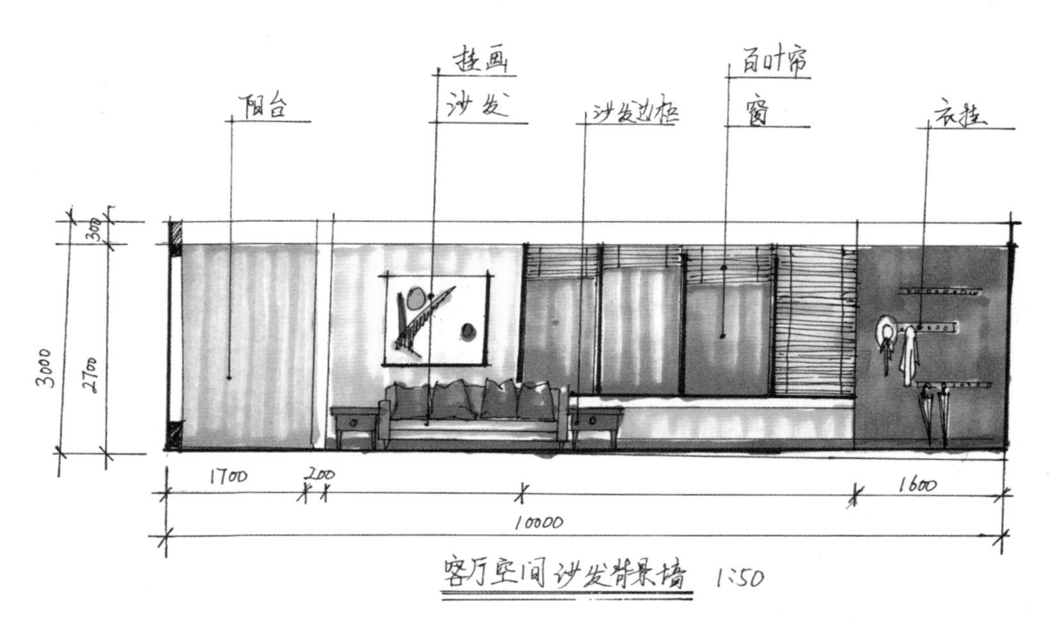

图4-7 沙发背景墙

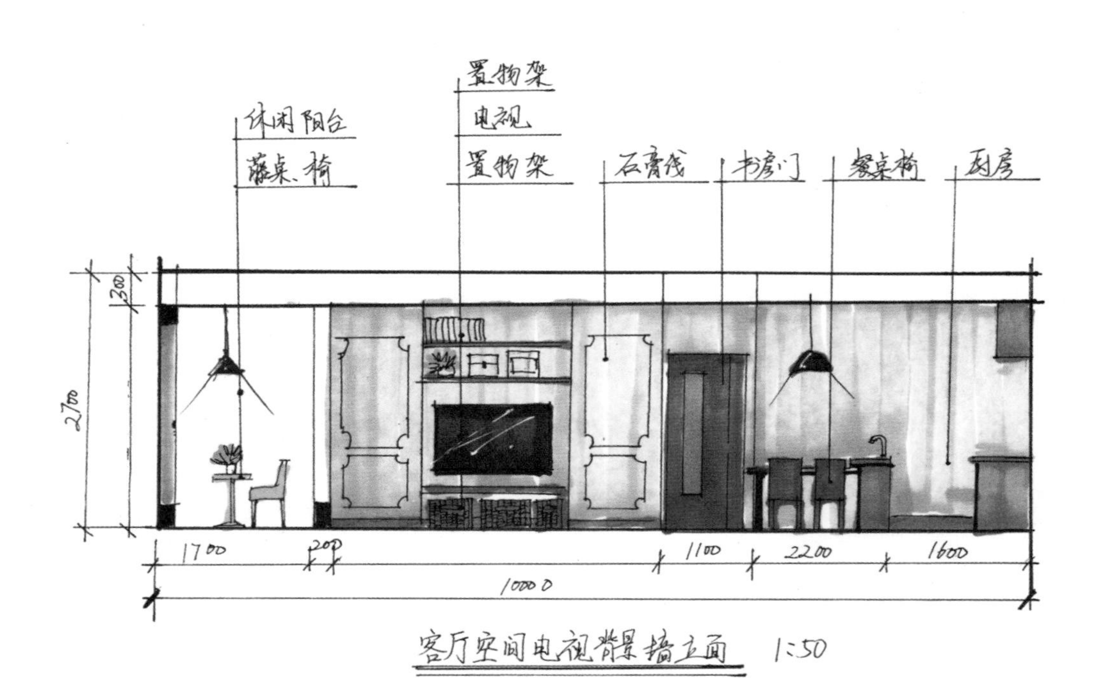

图4-8 电视背景墙

3. 效果图表现

家居空间的效果图表达，要能够根据平、立面图构思进行重点表达。在平面的基础上，确定好角度、视平线高度和灭点，快速勾勒出草图。画法按照家居空间透视图的画法，以平面图为参考确定家具的位置，再进行刻画，按照一点透视、两点透视或一点斜透视的基本步骤绘制效果图。选择黑白线稿表现效果时要能够表现出基本的光影关系，对于家居产品还要进行留白，而对于上色的效果图要能明确色彩对于空间的影响。

在效果图进行色彩表达的过程中，要能够明确对于同一空间，不同的色彩对空间光影的效果也会有所不同，设定的外景、光环境以及色彩效果都会影响家居空间的装饰效果表达，如图4-9所示为同一空间下不同色彩的效果。

在进行效果图表达的过程中，墙面色彩会影响整个空间效果的表达，设计的过程中要能够使家具、装饰品与背景色和谐，冷色系和暖色系在进行色彩搭配的过程中装饰效果也会有所差异，如图4-10所示。

结合上述案例，对其进行家居空间效果图展示，先将平面的家居位置确定，然后绘制线稿，线稿如图4-11所示。按照家居空间两点透视效果图的基本步骤绘制线稿。

再结合设计方案的色彩特征进行马克笔上色，以平、立面作为参考进行上色。上色的过程中要能够表现出家居材质、色彩的基本特征，效果图如图4-12所示。色彩中要能够体现出家居空间的基本装饰效果。

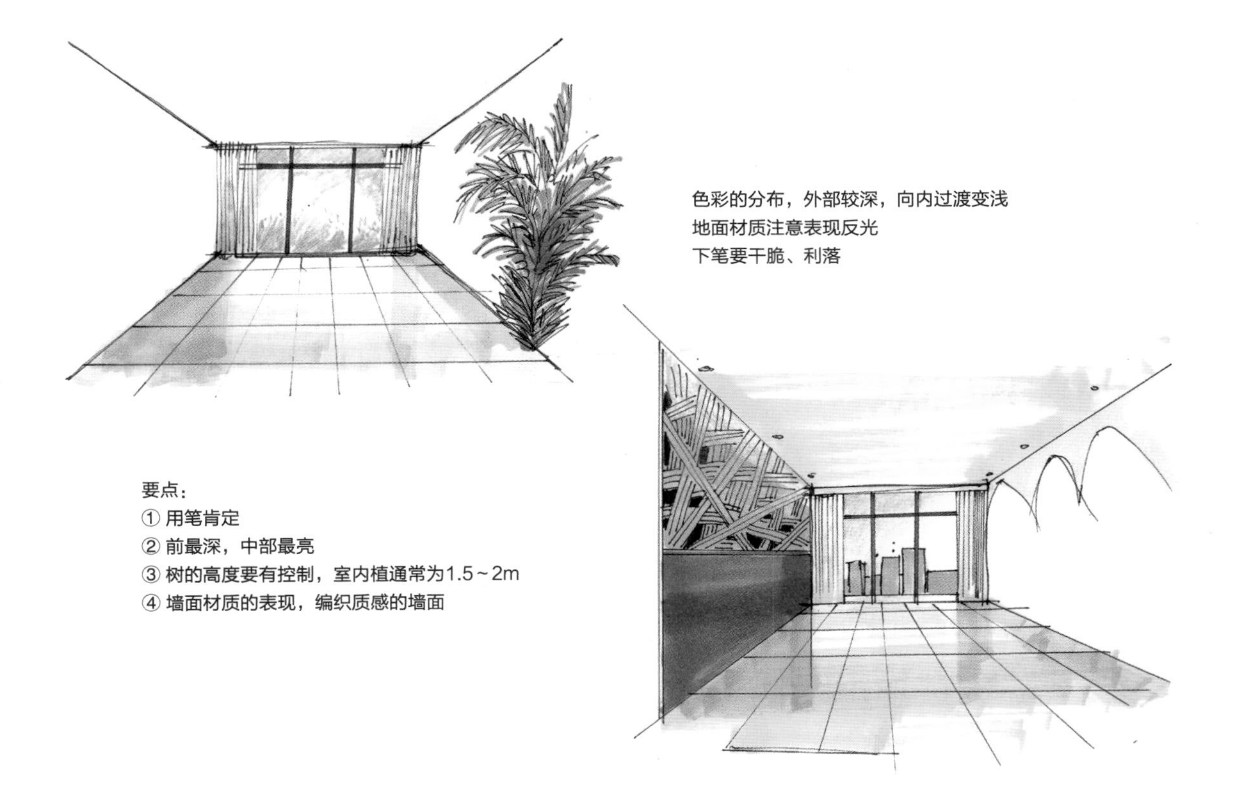

图4-9　同一空间下不同色彩的效果

图4-10　背景色与主体色彩要协调

图4-11　效果图线稿

图4-12 效果图

第二节 儿童房手绘方案设计

1. 概念设计

概念设计是由分析用户需求到生成概念产品的一系列有序的、可组织的、有目标的设计活动，它表现为一个由粗到精、由模糊到清晰、由抽象到具体的不断进化的过程。而在家居空间中的概念设计是将用户需求转化为家居空间中具体的陈设。在概念方案设计的过程中，重要的是表现出设计想法，在方案比较的过程中确定最能够满足设计要求的方案。本节方案展示以概念设计、设计说明和效果图的形式进行。例如下述案例中儿童房方案设计进行概念方案案例展示。

案例要求：在层高3m的空间内进行；门窗位置可以自定；需自行设定儿童背景；注重儿童房的创意设计。

结合案例要求，设定为5岁的男孩，活泼好动，喜欢玩具、做游戏。在进行儿童房设计的概念表达过程中，结合儿童活泼好动的特性，考虑儿童活动的空间较大，并有玩具存储空间，可进行如下平面规划，如图4-13所示。

在上述方案中各个概念方案各具特征：

① 突出大空间的活动空间，入口处规划大面积的储物柜，用于储存衣物、书籍、玩具等，从安全性出发，采用定制衣柜。

② 利用空间高度划分空间，增加空间趣味性，将儿童房分为卧室、游戏区、洗漱区和储物区。

③ 在儿童房增加跑道的设计形式，将儿童房卧室空间利用高度差进行空间区分，保留大面积的游玩区域。

④ 保留大面积的游玩区和储物区，睡眠区利用高度差和半墙进行分割。

⑤ 结合玩具特征划分空间，睡眠区与游玩区分开，保留跑道的设计。

⑥ 利用高度差划分空间区域，定制汽车式儿童床，保留储物区，增加学习区。

概念设计的目的在于将多种设计想法表达出来，通过对比以及整合设计选择最佳的设计方案。本案中确定在方案②的基础上进行设计，完成设计说明、平、立面规划以及效果图的表达。

2. 方案说明

方案说明即设计说明，是通过文字表述将设计意图、想法等用简洁、精炼的语言表达出来。在家居空间进行设计说明的练习，也是为后续在进行实际的家居空间设计时，能够顺利向业主展现设计想法和设计意图。例如根据上述儿童房的案例进行设计方案说明，如图4-14所示。

方案说明：儿童房是孩子童年中重要的场所，孩子天性活泼，需要较大的活动空间，保持儿童房的干净整洁也是设计的要点，大的游玩区和储物区成为设计所需。而从设计的可循环设计角度上看，儿童房考虑未来孩子的入学需求，还需要规划出相应的学习区域。在装饰上增加绿植的设计，让孩子能够在自然的环境中快乐成长。本案致力于打造干净、整洁、健康、自然绿色可循环的儿童居住空间。

3. 效果图表达

效果图表达是将家居空间的装饰效果通过手绘图纸表达出来，能够将概念设计和设计意图表达出来，是设计思维呈现最重要的载体。效果图的表达，可以结合

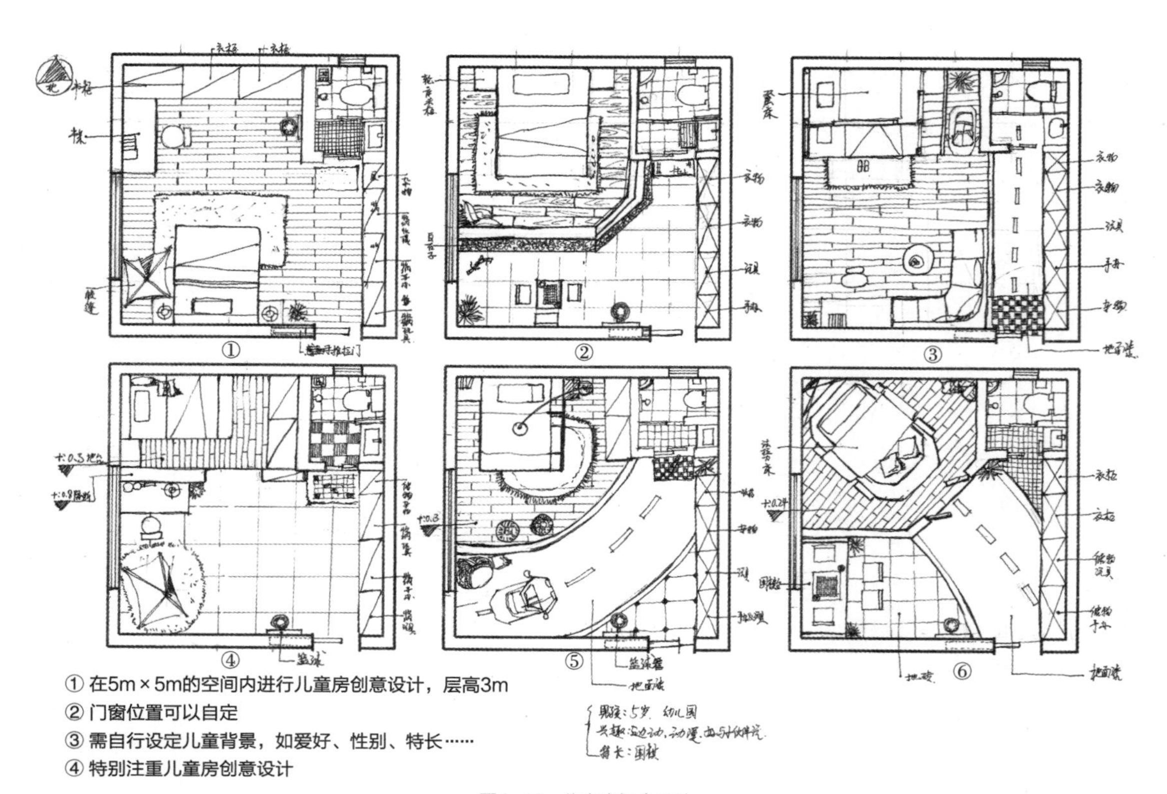

图4-13　儿童房概念设计

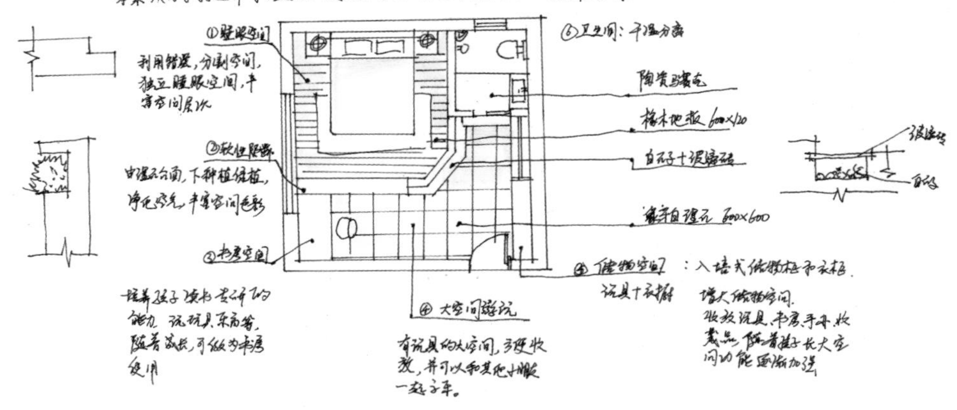

图4-14 方案说明

图4-15 效果图线稿

表达空间的重点进行选择。通常以立体的透视图表现，如通过一点透视图、两点透视图以及一点斜透视图表达，根据所要表达的空间重点和特点选择透视关系。上述儿童房进行案例展示，空间线稿表现及效果图表达如图4-15和图4-16所示。

图4-16 效果图

第三节 其他空间手绘效果表现

1. 商业空间手绘效果表达

商业空间手绘效果表达如图4-17至图4-20所示。

图4-17　餐厅空间（1）

图4-18　餐厅空间（2）

图4-19 餐厅空间（3）

图4-20 大厅空间

2．户外空间手绘效果表达

户外空间手绘效果表达如图4-21至图4-24所示。

图4-21　室外空间（1）

图4-22　室外空间（2）

图4-23　室外空间（3）

图4-24　室外空间（4）

本章小结

手绘方案设计是需要我们守正创新的过程。要能够从空间需求与生活方式入手进行功能分区与风格设计，需要平时多总结经典案例的长处，从传统建筑、经典陈设、布景方式等方面积累素材，对家居空间进行应用。同时，由于手绘方案处于设计的初始阶段，力求空间设置和色彩搭配上的创新，可以创造出更多大胆和富于表现力的设计效果图。

第五章 案例赏析

一、线稿案例

线稿案例如图5-1至图5-7所示。

图5-1 线稿（1）

图5-2 线稿（2）

图5-3　线稿（3）

图5-4　线稿（4）

图5-5　线稿（5）

图5-6　线稿（6）

图5-7　线稿（7）

二、平、立面图案例

平、立面图案例如图5-8至图5-12所示。

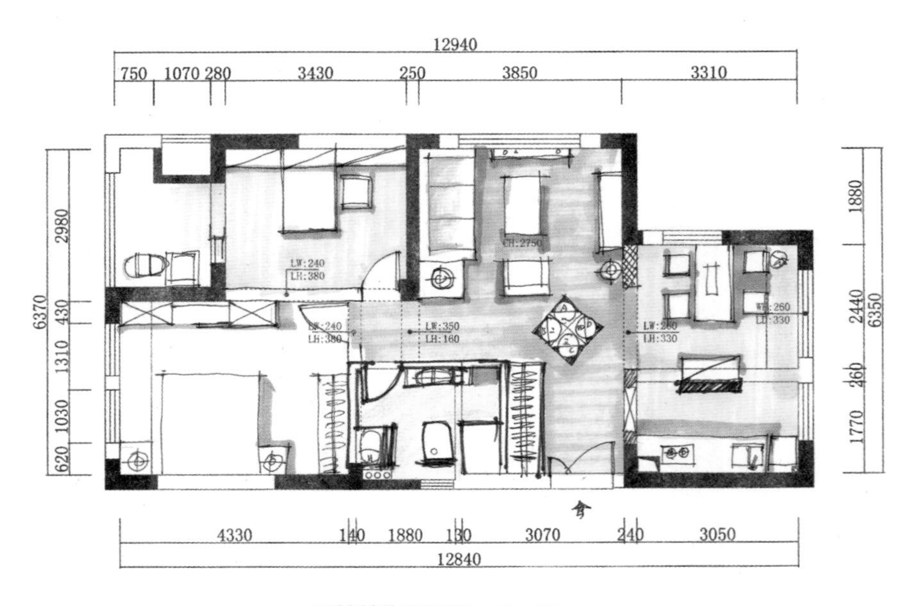

图5-8　平面图

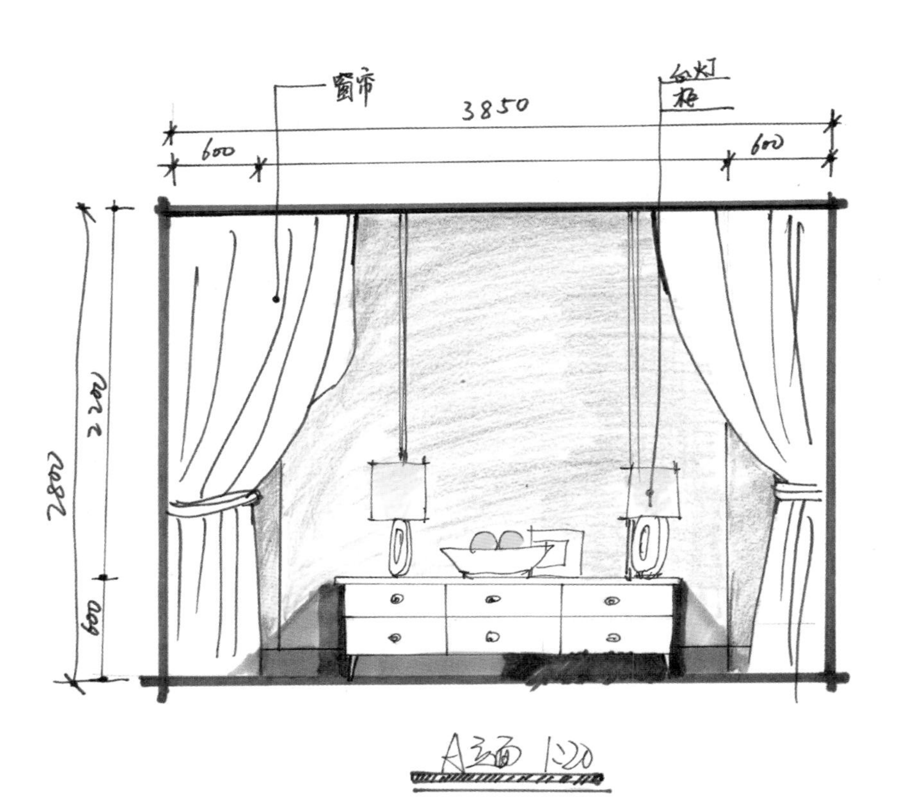

图5-9　立面图（1）

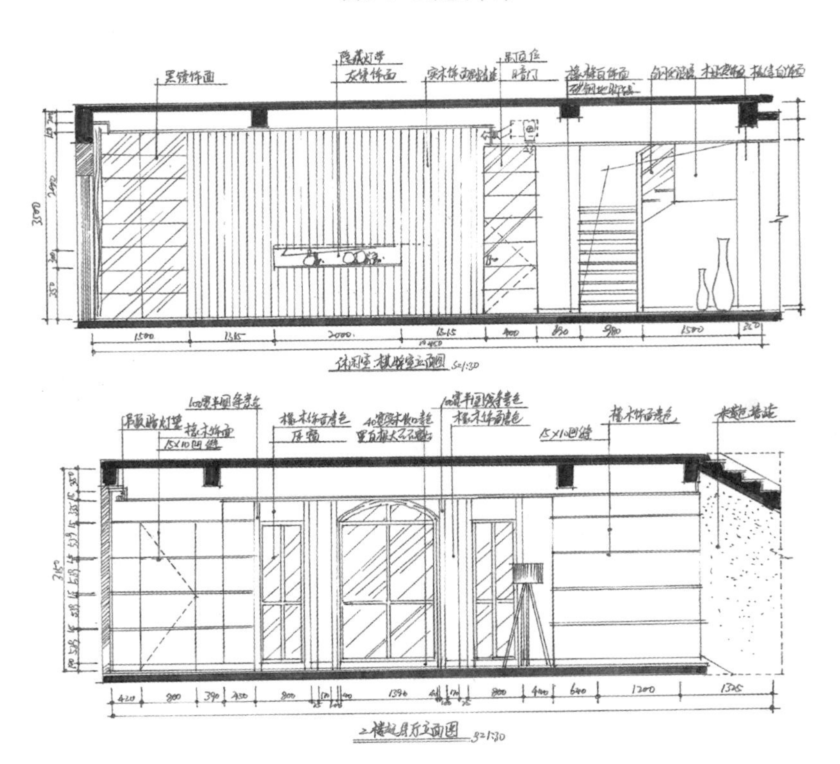

图5-10　立面图（2）

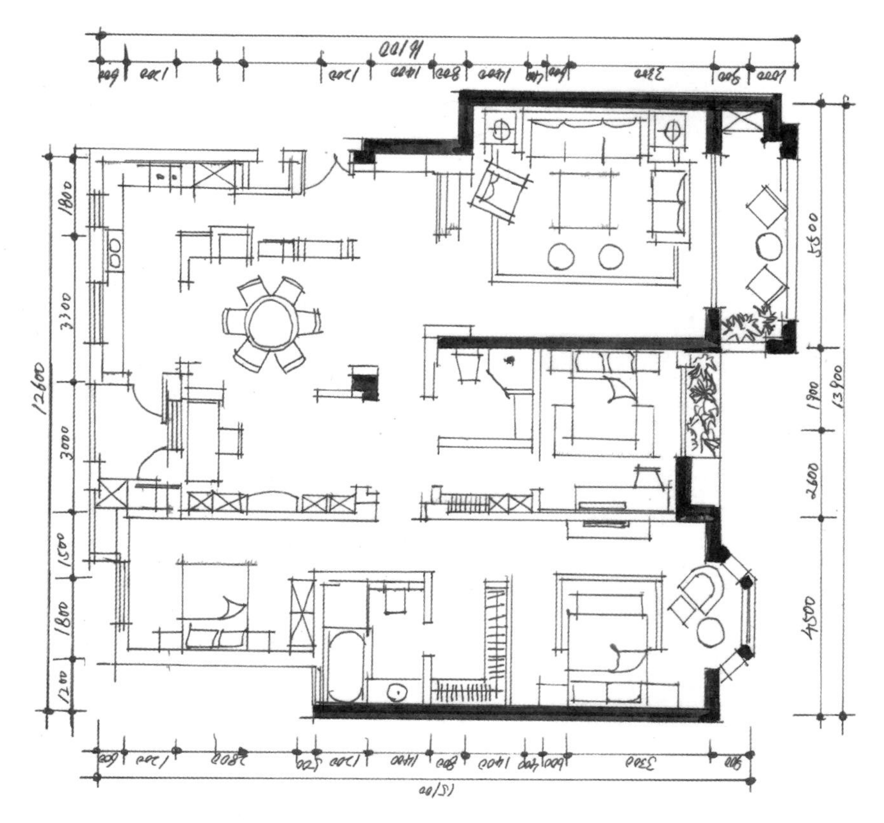

图5-11 立面图（3）

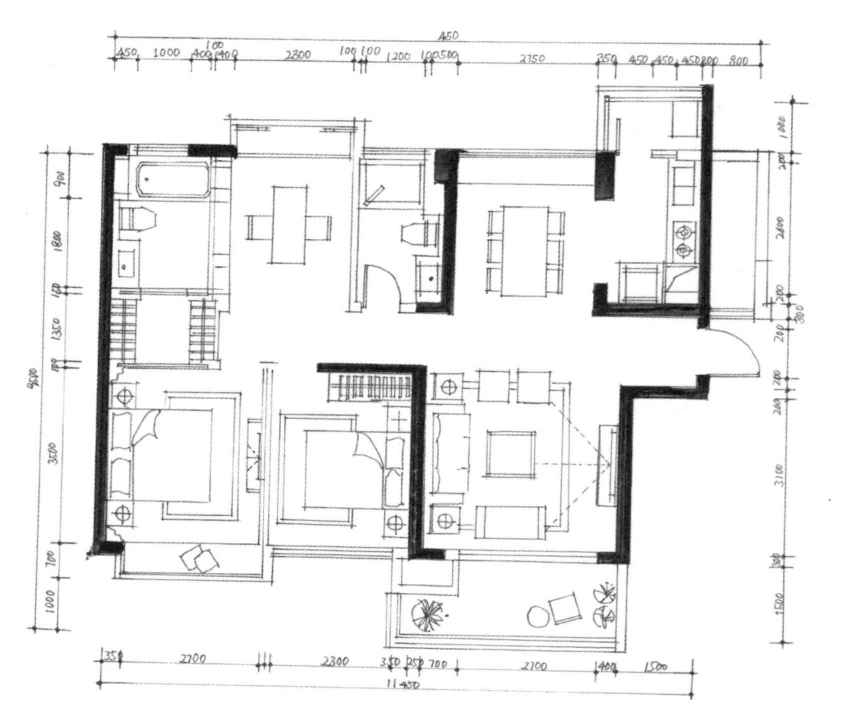

图5-12 立面图（4）

三、产品组合案例

产品组合案例如图5-13至图5-19所示。

图5-13　产品组合及马克笔色号

图5-14　产品组合（1）

图5-15　产品组合（2）

图5-16　产品组合（3）

图5-17　产品组合（4）

图5-18　产品组合（5）

图5-19　产品组合（6）

四、空间效果图案例

空间效果图案例如图5-20至图5-30所示。

图5-20　空间效果图（1）

图5-21 空间效果图（2）

图5-22 空间效果图（3）

图5-23　空间效果图（4）

图5-24　空间效果图（5）

图5-25 空间效果图（6）

图5-26 空间效果图（7）

图5-27　空间效果图（8）

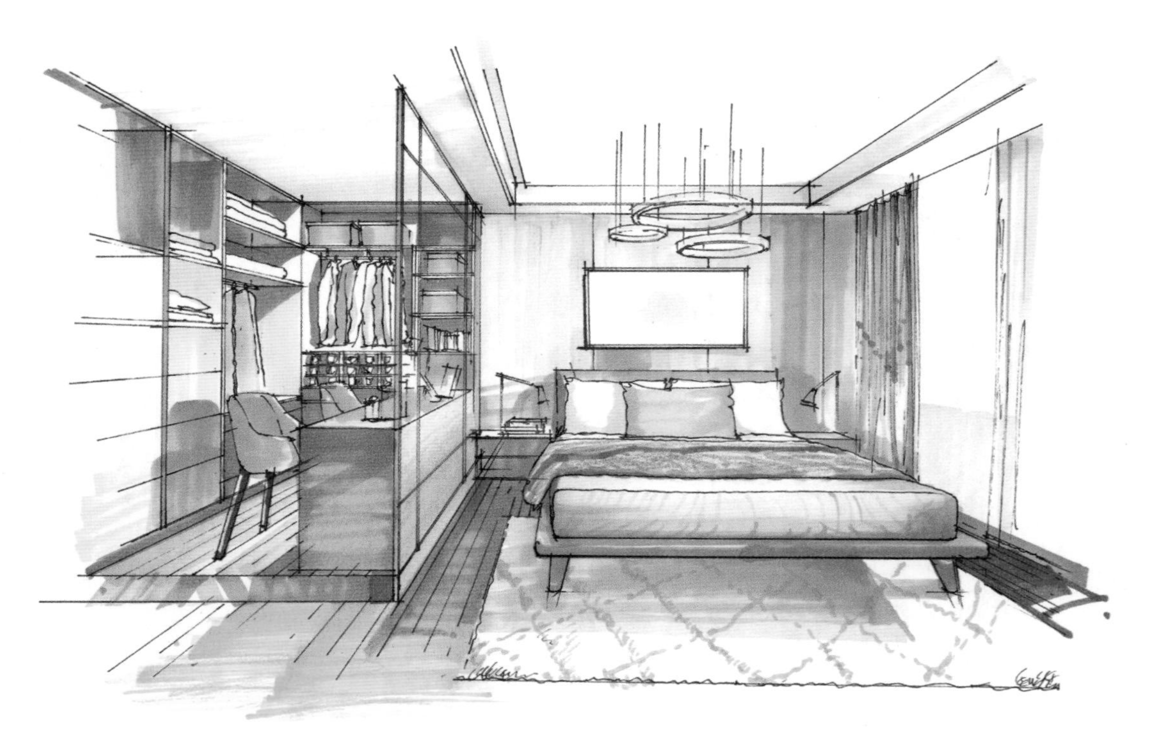

图5-28　空间效果图（9）

图5-29　空间效果图（10）

图5-30　空间效果图（11）